茶杯里的风暴

用日常之物
揭开
万物之理

STORM
IN A
TEACUP

Helen Czerski

the
Physics
of
Everyday Life

〔英〕海伦·切尔斯基————著

阳曦————译

北京联合出版公司
Beijing United Publishing Co.,Ltd.

献给我的父母：

扬和苏珊。

上大学的时候，有一阵子我在祖母家复习物理。

我的祖母是个非常务实的北方人，

当我告诉她我正在研究原子结构的时候，她非常惊讶。

"噢，"她说，"弄明白了又能干啥呢？"

这真是个好问题。

推荐序：真物理学家看门道

物理学一向都是最宏大、最刺激的学问。如果你对职场攻略、理财指南和宫斗电视剧不屑一顾，选择把时间交给一本物理书，你想要的肯定不是普通的知识。你想知道宇宙的起源、量子力学的神奇之处、爱因斯坦的精妙思想、暗物质和暗能量之谜、超弦理论的难题。你想得到这个世界的终极解释。你想体验最深刻的智慧。读物理学家写的书，通常是仰望星空的姿态。

但是海伦·切尔斯基的这本《茶杯里的风暴》，想给你看的可不是这些。这不是一本仰望星空的书。

这本书写的是物理学的应用——确切地说，是那些比较常规的物理学知识在日常生活中的应用。

这听起来好像一点都不刺激，但是我可以告诉你这本书刺激在哪里：它能检验你学的是"真知识"还是"谈资"，它还会让你见识一套高级思维方法。

理查德·费曼是个有很多粉丝的物理学家，人们粉他的一部分原因是他喜欢指出周围人的愚蠢之处。费曼曾经在巴西访问和工作了一年，他给巴西学生上了基础物理课。他注意到一个大问题。

费曼说："巴西根本没有在教科学。"

费曼发现，巴西那些"物理学得好的学生"，其实根本没有掌握物理学。他们能把各种物理概念和定律的语句背得滚瓜烂熟，会用公式精确解题，但是他们不知道那些概念、定律和公式是什么意思。这些所谓的学霸能背诵教科书中经典物理实验的步骤，但是费曼给他们布置了一个自己动手做实验的作业，他们完全不会做。你能说这些人"懂"物理学吗？

我以前听说过这段典故，觉得这是应试教育的恶果。应试教育把什么知识都当成考试素材，最终考察的不是真正的知识水平，而是记忆力和执行规则的能力。但现在我觉得这不仅仅是应试教育的事，这是所有国家的所有读书人都面临的一个困境。

这个困境就是，"知道"和"会用"是两码事。现在有句话叫"听过很多道理，却依然过不好这一生"，差不多就是这个意思。

在互联网时代，获得一个知识，包括理解这个知识，都是很容易的。只要有足够的好奇心，你就很可能已经积累了大量的知识。比如说，你知道"薛定谔的猫"是什么意思，而且你还充分理解了这个概念背后量子随机性的原理，你得到了很大的乐趣，可能还为此感到一点点自豪。

那这时候，如果妈妈问你"薛定谔的猫"有啥用，你也许会非常大气地说,谈"有没有用"太俗了——科学事业就是要探索和发现,真正的科学家哪有那么功利啊。

这句话对倒是对,可是如果你只求知而不关心怎么用,那你就只是一个"知道分子",你只能欣赏和赞叹那些知识。科学知识对你来说跟玄幻小说的剧情没有本质区别,都只是给大脑吃的零食和令人愉悦的谈资而已。

现在很多人一说科学就是什么"伟大的好奇心"——以我之见,好奇心被高估了。玄幻小说也可以激发和满足好奇心。单纯的好奇心不能带你走很远。

也许你可以尝试一种更高级的思维。这个思维要求你掌握高质量的知识,然后在不同的地方识别和应用这些知识。

尝试了这种思维,你才能知道什么叫"知道"。

比如说,你知道热量是怎么回事,你也知道鸭子和人一样,是恒温动物。那你知道在冰水里游泳的鸭子,它们的脚为什么不怕冷吗?再比如说,你学过有关气压随温度变化的知识,那你知道为什么爆米花受热只会膨胀,而不会炸得四分五裂吗?

你可以把《茶杯里的风暴》这本书,当作一本思维训练手册。有些司空见惯的东西一旦细想,你就会发现自己的知识体系简直千疮百孔。

种子发芽以后,为什么总是往上长呢?如果种子能识别哪个方向是向上,其中必定有一个什么机制能让它感受到重力!这个机制是什么呢？又或者，是因为光线总从上方来吗？书里有答案。

但我看重点不在于答案，而在于你能不能提出问题。只会赞叹而提不出问题，你就是个看热闹的。能提出关键问题，你才算会看门道。掌握这套高级思维，你学什么都没有白学。这样你才真的有可能用知识去改变世界。

古希腊哲学家泰勒斯有一次晚上走路的时候只顾着仰望星空，一不小心掉进了坑里，有人嘲笑他知道天上的事情，却看不见脚下的东西。孔子专门研究经天纬地的大学问，老农民笑他四体不勤五谷不分。我看这些嘲笑也不见得没有道理

——仰望星空和大学问固然了不起，能在日常小事中看出门道来，才是真本事。

万维钢

（作者系科学作家，"得到"App《精英日课》专栏作者）

目 录

序 章　001

第1章　爆米花和火箭——气体定律

玉米粒的微型高压锅　012

抹香鲸和福卡恰面包　015

风的瀑布和发泡奶油　020

马德堡半球和大象的鼻子　023

古老的蒸汽机和用来送信的火箭　026

能量和天气　032

第2章　有升必有落——重力

让葡萄干跳舞　036

空中坠落和海上摇摆　038

厨房秤、伦敦塔桥和霸王龙　044

鱼会打嗝吗？　050

蜡烛和钻石　054

第3章　小即是美——表面张力和黏度

咖啡渍和显微镜　060

偷吃奶油的蓝山雀　064

飞沫和肺结核　067

"家庭主妇"和肥皂泡　070

泳镜上的雾　073

毛巾和巨型红杉　075

第4章　时光中的一瞬——走向平衡

番茄酱和蜗牛　084

极快和极慢　088

船闸和大坝　094

晃动的茶水和喘息的狗　097

墨西哥城和台北 101 大厦　102

第5章　涟漪的故事——从水波到无线网络

浪花　108

银色鲱鱼和杯中硬币　111

大海的颜色、雷电和烤面包机　114

海豚和"泰坦尼克号"　121

灯光密码　125

温室效应和地球　128

珍珠和手机通信　129

第 6 章　鸭子为什么不会脚冷——原子之舞

盐和糖的真面目　136

花粉和爱因斯坦　137

湿衣服和煎奶酪　139

海冰和"前进号"　143

冰块、玻璃和体温计　148

鸭子的绝活　154

滚烫的勺子和冰冷的食物　157

第 7 章　勺子、旋涡和"伴侣号"——旋转定律

旋转中的稀奇事　162

自行车和弯道飞行　163

离心机和宇航员　166

飞饼和地球自转　169

投石车和人造卫星　172

掉落的面包和旋转游戏　179

四季更迭和飞轮储能　183

第 8 章　异性相吸——电与磁

磁的魔法　188

静电和蜜蜂　190

鸭嘴兽和海上电池　195

热茶水和电流　202

祖父的盒子和一段科学史　　205

又是烤面包机　　210

指南针和大陆漂移　　212

最后一块拼图　218

第 9 章　**不同的视角**

人体　　222

地球　　228

文明　　234

致谢　241

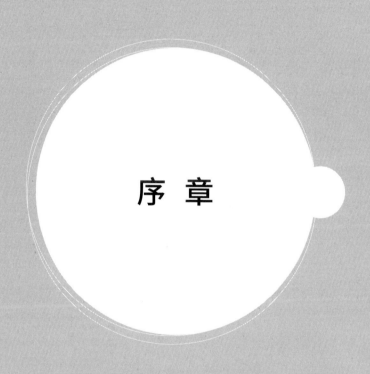

序 章

我们生活在地球与宇宙的交界线上。晴朗的夜晚，谁都能看到璀璨而广袤的星空，亘古不变的灿烂繁星以独一无二的方式标记我们在宇宙中的位置。这些星辰进入了每一种文明的视野，但从未有人真正触摸过它们。我们在地球上的家园恰似星空的反面：混乱、无常、花哨，每天充斥着各种缠人的琐事。然而，平凡俗世中同样藏着宇宙运转的规律。物理世界的丰富多彩超乎我们的想象，同样的原子和同样的规则以不同的方式组合在一起，足以产生无数截然不同的结果。不过，这种多样性并非全无规律，世间万物的运行都遵循着自然的法则。

如果你把牛奶倒进茶水里快速搅拌，杯子里就会出现旋涡。两种液体旋转交缠，几乎称得上泾渭分明，而这样的奇景只能维持几秒，片刻之后，两者就会完全融合在一起。不过，这短短的几秒钟足以让你看清，不同的液体会在美丽的旋涡中逐渐融合，而不是立即交融。我们在其他地方也能看到同样的现象。从太空中俯瞰地球，你会在云团中发现相似的旋涡，暖空气和冷空气不会直接融合，而是互相缠绕旋转，仿佛在跳一曲美妙的华尔兹。大西洋上空的旋涡定期向东运动，带给英国变幻无常的天气。当北方极地的冷空气和南方热带的暖空气相遇时，你可以从卫星云图上清晰地看到它们绕着圈子彼此追逐。这样的旋涡叫作"低气压"或者"气旋"，气旋所到之处常会出现晴雨不定的多变天气。

乍看之下，旋转的风暴和马克杯里旋转的茶水似乎毫无关联，但它们相似的模式绝非出于巧合，其中蕴含的线索可以揭示更本质的规律。类似的构造隐藏着相同的道理，一代又一代人不断探索并通过严格的实验验证了这一点。这个探索与发现的过程就是科学：不断总结、验证我们对世界的理解，并发掘更多有待探索的东西。

有时候，我们很容易在不同的地方发现同样的模式；不过也有一些时候，事物间的联系没有那么明显，而最终找到真相时，你收获的满足感会更强烈。

举个例子：你或许根本不会想到蝎子和骑行者有什么相似之处；事实上，两者会利用同样的科学技巧来保命，不过方式截然相反。

没有月亮的夜晚，北美的沙漠寒冷寂静，只有微弱的星光照耀着地面，你似乎不可能在这里完成对任何东西的搜寻。不过，为了找到一种宝贝，你带着特制的手电筒走进了黑暗。这种手电筒发出的是人类看不见的光——紫外线，也叫"黑光"。紫外线在沙漠中传播，但你看不见它，无从分辨它照到了哪里。然而突然之间，黑暗中爆出了一团怪异的蓝绿色闪光——紫外线落在了一只蝎子身上。

人们就是这样寻找蝎子的。这种黑色蛛形纲动物的外骨骼里有一种独特的色素，能够吸收我们看不见的紫外线，反射我们看得见的可见光。这的确十分机智，不过害怕蝎子的人可能无缘欣赏。这种光学魔术被称为"荧光性"。人们认为，蓝绿色的荧光能帮助蝎子在傍晚寻找最理想的藏身之地。紫外线一直存在，不过在太阳刚刚降到地平线下的傍晚时分，大部分可见光都已消失，留下来的只有紫外线。如果这时候蝎子还待在露天环境中，它的身体就会发光，变得十分显眼，因为周围其他的蓝光和绿光都已消失。哪怕蝎子的身体只露出来一点点，它也能探测到自己发出的光芒；于是它就会知道，应该再藏得深一点。这套信号系统简洁而高效——如果世界上没有紫外线手电筒的话。

幸运的是，对于恐惧蝎子和蜘蛛的人来说，要看到荧光，不一定非得走进节肢动物横行的沙漠不可。天气阴沉的清晨，城市里也随处可见点点荧光。我们不妨看看那些注重安全的骑行者：和周围灰暗的环境相比，他们身上的反光外套简直亮得刺眼。这些外套看起来像在发光，事实上，它们的确在发光。阴天的云层遮蔽了可见光，但大量紫外线仍能穿透云层。反光外套中的色素会吸收紫外线，反射可见光。这个原理和蝎子的把戏一模一样，不过人类和蝎子利用荧光现象的目的却截然相反。骑行者希望自己发光，因为这样一来，别人就更容易看到他们，由此可以减少事故的发生。对人类来说，荧光现象简直就是免费的午餐；我们本来看不到的紫外线转化成了可以利用的可见光，但我们不用付出任何代价。

荧光现象本身已经足够迷人，不过对我来说真正的乐趣在于，物理学的金矿不仅仅是有趣的消遣，更是实用的工具，能在很多地方派上用场。在上面这个例子中，蝎子和骑行者利用同样的物理现象来保命。汤力水 1 在紫外线下也会发光，因为水中的奎宁具有荧光性。衣物彩漂剂和荧光笔的"魔力"同样源于此。下次当你看到用荧光笔做记号的段落时，请务必记得，荧光笔的墨水也是一种紫外线探测剂；虽然你无法直接看到紫外线，但荧光会告诉你，它就在那里。

我研究物理学是因为它能够解释我感兴趣的事情。物理学让我看到日常世界背后的规律。最棒的是，它让我能够亲自找出一部分规律。虽然我是专业的物理学家，但实际上，我的许多发现与实验室无关，也不需要复杂的电脑软件或昂贵的实验设备。最能带来成就感的发现常常来自与科学全然无关的日常小事。对物理学基础知识的点滴了解将整个世界变成了充满乐趣的玩具盒。

对于这些来自厨房、花园或者城市街道的科学发现，有时候人们多少会有点轻视。他们觉得这无非是小打小闹的消遣，对孩子来说当然重要，对成年人却没有什么实际的用途。成年人应该去买那种介绍宇宙运行规律的大部头才符合身份，但实际上，这种观点忽视了一个非常重要的道理：物理规律是放诸四海而皆准的。烤面包机就可以让你学习到最基础的物理学定律，而烤面包机的优势是，你家里很可能有一个，你可以亲眼看到它如何工作。物理学妙就妙在同样的模式处处通用：无论是在厨房里，还是在宇宙最遥远的彼端。从烤面包机入手的好处在于，就算从没担忧过宇宙的温度，你也会明

---

1 Tonic Water 的音译，又叫奎宁水。——译者

白面包片为什么是热的。而且，一旦熟悉了某种模式，你就会在其他很多地方观察到它的存在，包括在人类社会最令人瞩目的那些成就之中。学习日常生活中的科学可以直接帮助你积攒关于世界运行规律的点滴知识，任何一位想要参与社会运转的公民都应该具备这些常识。

你有没有尝试过在不剥壳的情况下分辨生鸡蛋和熟鸡蛋？这里有个简单的办法。你可以把鸡蛋放在一个光滑坚硬的平面上旋转，几秒钟后用手指轻轻触碰蛋壳，让它停止转动，然后立即收手。一两秒后，看看静止下来的鸡蛋是否会重新开始旋转。生鸡蛋和熟鸡蛋的外表可能毫无区别，但它们的内部截然不同，这就是秘密所在。熟鸡蛋是一个完整的固体，所以当你触碰它的时候，它会整个停下来；但是当你触碰生鸡蛋的时候，停止运动的仅仅是蛋壳，壳里的液体继续旋转，所以一两秒后，生鸡蛋会重新开始旋转，因为内部的液体会带动蛋壳转动。要是不信，你不妨自己找枚鸡蛋试试。这个现象背后的物理学定律是：物体总是倾向于保持原来的运动状态，除非你对它施加外力。生鸡蛋内的液体保持旋转，因为它没有变化的理由。这就是角动量守恒，这条定律可不仅仅适用于鸡蛋。

哈勃空间望远镜就像在绕地轨道上飞速运行的一只眼睛，自 1990 年发射以来，它拍摄了无数壮美的太空照片。这台望远镜发回的照片让我们看到了火星、天王星环、银河系中最古老的恒星、名字和形态同样美丽的草帽星系（Sombrero Galaxy），还有庞大的蟹状星云。可是，在太空中自由飘浮的时候，它该如何稳定自己的位置和姿态，聚焦拍摄这些小小的光点？它又该如何判断自己的准确朝向？哈勃空间望远镜配备了 6 台陀螺仪，每台陀螺仪都是一个每秒能转 19200 圈的轮子。根据角动量守恒定律，这些轮子的转速将保持恒定，因为没有外力让它们减速。轮子转轴的指向也将始终保持恒定，因为它们没有理由移动。陀螺仪为哈勃空间望远镜建立了方向参照，所以望远镜的镜头可以聚焦于某个遥远的天体，想拍多久就拍多久。通过厨房里一枚小小的鸡蛋，你能看到人类文明最先进的技术产品所使用的物理学原理。

这就是我热爱物理学的原因。你学到的东西总能在别的地方派上用场，这是一场伟大的冒险，因为你不知道它将带领你走向何方。我们已经知道，地球上的物理学定律适用于宇宙中的任何地方。也就是说，每个人都能轻而易举地接触到推动宇宙运行的诸多基本法则。你甚至可以亲自验证它们。一枚鸡蛋可以孵化出放诸四海而皆准的规则。有了这些知识，你就能看到另一个崭新的世界。

在过去，信息比现在稀有。每一处知识的金矿都来之不易，价值连城。今天的我们生活在知识之海的岸边，海啸时时威胁着我们，有时甚至会让我们陷入迷惘。如果你能够得心应手地掌控现世的生活，那又何必继续追寻更多知识，何必让自己的生活变得更加复杂？哈勃空间望远镜很棒，不过在你马上就要迟到的时候它也没法掉转镜头帮你找到钥匙，那有它没它又有什么两样？

人类对世界充满好奇，满足好奇心会带来极大的愉悦。要是能够亲手解开谜题，或者和别人一起走过发现之旅，你还会得到更强的满足感。你在玩耍中学到的物理学原理可以用来开发新的医疗技术，可以解释天气，可以制造手机、自清洁衣物甚至聚变反应堆。现代生活充满复杂的决策：花高价买节能灯是否值得？把手机放在床边睡觉是否安全？天气预报是否可信？偏光太阳镜和普通太阳镜有何不同？基本原理通常无法直接告诉你某个具体问题的答案，但要问出正确的问题，你离不开这些背景知识。习惯了自己寻找答案，面对无法立刻得到解答的问题时，我们便不会感到无从下手。因为我们知道，只要再想一想，就能理出头绪。要了解我们的世界，批判性思考至关重要，要知道，广告商可是一直在声嘶力竭地告诉你，让你相信他们什么都懂。我们必须自己寻找依据，思考是否真的应当赞同他们的意见。我们不仅要应对日常生活，还要为我们的文明负责。我们投票、购物、选择生活方式，每个人都是人类冒险团中的一员。世界如此复杂，任何人都不可能完全理解所有细枝末节，但在这条道路上，基本原理是价值连城的宝贵工具，值得你随身携带。

基于上述原因，我认为，运用物理学工具观察和理解世界不仅仅是为了找乐子，尽管我个人十分享受物理学带来的乐趣。科学不只关乎搜集事实，还涉及解决问题的逻辑推理过程。科学的关键在于，每个人都可以根据数据得出合理的结论。刚开始，人们的结论或许各有不同；但接下来，你可以搜集更多数据，判断哪种描述更契合真相，最终得出结论。这就是科学与其他学科的区别：科学假说必须提出可验证的具体预测。也就是说，如果你有了关于某个事物运行原理的想法，接下来应该做的是根据你的想法推出某个特定结果。再说具体一点，你必须努力寻找可验证的结果，特别是那些能够通过你的理论验证其谬误的结果。如果穷尽我们能想到的所有验证方式仍无法推翻你的假说，那么我们会谨慎地表示赞同：它很可能是描述世界运行规律的优秀模型。科学总在试图找出谬误，因为这是寻求真理的最短路径。

不必成为专业科学家，你也可以通过实验来认识世界。理解一些基本的物理学原理会让你掌握正确的方法，学会自己解决很多问题。有时候，你甚至不必刻意思考，拼图会乖乖跳到自己的位置上。

我最喜欢的一次发现之旅始于失望：我做的蓝莓酱变成了粉红色，确切地说，是鲜艳的紫粉色。这件事发生在几年前，当时我正在罗得岛处理移居英国之前的一些琐事。大部分事情都办完了，但在离开之前，我还有一件事非办不可。我一直很喜欢蓝莓，这种可口的水果颇具异域风情，妖异的蓝色美得让人心醉神迷。在我居住过的大部分地方，蓝莓都少得令人泄气，罗得岛却盛产蓝莓。我想把夏天丰收的蓝莓做成果酱带去英国，所以在那最后的几天里，我花了一上午时间采摘、挑选蓝莓。

蓝莓酱最棒最让人着迷的地方在于，它是蓝色的。至少我是这样认为的。但大自然却另有主意。平底锅里冒泡的果酱有诸多特色，但蓝色绝不是其中之一。我把果酱装进罐子里，它的味道没的说，但挥之不去的失望和迷惑伴着粉色的果酱和我一起来到了英国。

6个月后，一位朋友请我帮他解决一个历史难题。当时他正在制作一套关于女巫的电视节目，他说，有记录显示，"聪明的女人"曾把马鞭草花瓣放在水里煮沸，然后将得到的液体涂在别人的皮肤上，以此来判断此人是否中了咒语。他想知道，这背后是否有某种原理，哪怕与巫术完全无关。我研究了一下，发现这里面还真有点科学道理。

紫色的马鞭草花、紫甘蓝、血橙等紫色和红色的植物含有一种名叫花青素的化合物。花青素是一种色素，它赋予了这些植物鲜艳的颜色。花青素有几种不同的版本，所以植物的颜色也有细微的差别，不过所有花青素的分子结构都十分相似。我要说的还不止这些。环境液体的酸碱度——pH[1]——也会影响花青素最终呈现的颜色。如果环境的酸碱度发生变化，花青素分子的形态就会发生微妙的变化，颜色也随之改变。它们是一种指示剂，一种天然的石蕊试纸。

利用这一点，你可以在厨房里玩出很多花样。你可以煮沸植物来提取色素，比如说，你可以将几片紫甘蓝放到水里煮沸，留下水（现在它是紫色的）。往水里加点醋，它就会变红；而洗衣粉（碱性）溶液会让它变成黄色或绿色。利用厨房里随手可得的原料，你可以调制出彩虹的所有颜色。别问我是怎么知道的：我全都亲手试过。我喜欢这个发现，因为花青素随处可见，任何人都搞得到，不需要任何化学设备！

所以，那些聪明的女人或许是在用马鞭草花检测pH，而不是检测别人是否中了咒语。皮肤的pH会自然地发生变化，所以将马鞭草混合液涂在

---

1 氢离子浓度指数，法语中 potentiel d'hydrogène 的缩写。通常用来表示溶液的酸碱度。——译者

不同人的皮肤上，就会得到不同的颜色。如果我刚跑完步，正是大汗淋漓、心情愉悦的时候，涂在身上的甘蓝水就会从紫色变成蓝色；要是不运动的话，甘蓝水就不会变色。那些聪明的女人或许发现了这个秘密，并对它做出了自己的解读。真相已经无法追寻，不过我觉得这是个合理的假设。

历史揭秘到此为止。我又想起了我的蓝莓和果酱。蓝莓的颜色也来自花青素。果酱的原料只有 4 种：水果、糖、水和柠檬汁。柠檬汁会催化水果里的天然果胶，让果酱变得黏稠。而柠檬汁之所以有这种效果，是因为它是酸性的。我的蓝莓酱之所以会变成粉色，是因为它在平底锅里完成了一次石蕊测试。要让果酱获得足够的黏度，它只能变成粉色。这个激动人心的发现几乎完全弥补了无法做出蓝色果酱带给我的沮丧。用一种水果制造出彩虹的完整色谱，这样珍贵的发现足以告慰我的失落。

在这本书里，我所做的就是将日常生活中的小事与我们所置身的广阔世界联系起来。我们将在物理世界中徜徉，看看爆米花、咖啡渍、磁性冰箱贴这样平凡的事物如何照亮斯科特[1]的探险之路，如何帮助我们完成医学实验，如何解决未来的能源问题。科学不是"别人的事情"，它与每个人息息相关，每个人都能用自己的方式加入这场探险。本书的每一章都会从一件日常小事开始，你或许见过它很多次，却从未深入思考过背后的东西；而在每章的末尾，我们将会看到，这些小事里的模式能够解释我们这个时代某些最重要的科技。每一次小小的探险都妙趣横生，所有碎片拼到一起带给你的满足感更是无可估量。

了解世界运转的原理还能带来科学家们很少提到的另一个好处：它会改变你的视角。世界充满了戴着各种面具的物理学模式，一旦熟悉了基本的原理，你就会看到不同现象背后的相同之处。我希望，在阅读本书的过程中，

---

1 罗伯特·福尔肯·斯科特（Robert Falcon Scott，1868—1912），英国海军军官，著名极地探险家。主要成就：发现并命名了爱德华七世半岛；带领探险队抵达南极点。1912 年，斯科特不幸逝于南极大陆。——译者

各个章节蕴含的科学原理能够潜移默化地帮助你构建看待世界的新视角。在本书的第 9 章中，我将说一说这些模式如何彼此啮合，创造出人类赖以生存的三套系统——我们的身体、我们的星球和我们的文明。不过，你有权反对我的观点。科学的精华在于整合现有证据，通过实验验证原理，最终得出自己的结论。

茶杯仅仅是个开始。

第 1 章

爆米花和火箭

- 气体定律 -

玉米粒的微型高压锅

厨房里发生爆炸通常不是什么好事，不过有时候小小的爆炸能帮你烹制美食。干玉米粒含有多种营养成分（碳水化合物、蛋白质、铁和钾），但它们都被坚韧的外壳紧紧包裹在致密的种粒里。要得到这些营养成分，把玉米粒变成能吃的东西，你就得想点极端的法子，比如爆炸。幸运的是，玉米粒本身的特性决定了它很容易爆炸。昨天晚上我做了点爆米花。坚固强韧的外表下隐藏着柔软的内心，这样的发现总是令人欣喜。不过，玉米粒为什么会变成蓬松的爆米花，而没有直接把自己炸得粉身碎骨呢？

油烧热以后，我往平底锅里放了一把玉米粒，然后盖上锅盖，转身去烧水泡茶。屋外风暴肆虐，硕大的雨滴毫不留情地敲打着窗户。油里的玉米粒发出轻微的噼啪声，似乎一切平静，但事实上，平底锅里的好戏已经开场。每一粒玉米内部都有一个胚芽，它可以长成一棵新的植物，而胚乳则为新植物提供生长所需的养分。胚乳主要由淀粉颗粒组成，它的含水量大约是14%。玉米粒放进热油以后，胚乳内部的水开始蒸发变成气体。温度高的分子运动速度更快，所以玉米粒受热的时候，越来越多的水分子以蒸汽的形式在它内部左冲右突。从演化的角度来说，玉米粒种皮的主要作用是抵御外力侵袭，可是现在，它却不得不承受来自内部的暴乱。在这种情况下，种皮变成了一口迷你高压锅。变成蒸汽的水分子无处可去，所以种皮内部的气压越来越大。气体分子不断碰撞彼此和种皮，随着气体分子的数量和运动速度不断攀升，种皮承受的撞击力也越来越大。

高压锅用滚烫的蒸汽高效地烹制食物，玉米粒内部的小小高压锅也一样。就在我寻找茶包的时候，胚乳里的淀粉颗粒被烹制成了某种黏糊糊的加压凝胶，而且玉米粒内部的气压还在继续增大。种皮能够承受的压强是有限的，玉米粒内部温度上升到180℃时，内部气压差不多达到了标准大气压的10

倍，凝胶看到了胜利的曙光。

我轻轻晃了晃平底锅，听到锅里传出第一声爆裂的闷响。几秒钟后，噼啪声就密集得像机枪开火一样了，跳动的爆米花顶得锅盖不断颤动。每一声爆响都让锅盖边缘冒出一缕蒸汽。我倒了杯茶，就在这短短几秒内，平底锅里的爆裂声变得更加激烈，锅边冒出的蒸汽此起彼伏，接连不断。

爆炸发生的瞬间，游戏规则变了。在此之前，困在种皮内部的水蒸气是出不来的，随着温度不断升高，蒸汽使种皮内部的气压不断增大。坚韧的种皮破裂的瞬间，种皮内部的物质立即暴露在外部环境的压强（标准大气压）下，这些物质的体积也不再受限。淀粉凝胶内部灼热的分子仍在左冲右突，但外面却再也没有什么东西束缚它。于是凝胶开始爆炸性膨胀，直至其内部和外部气压相等。致密的白色凝胶变成了蓬松的白色泡沫，整个玉米粒向外翻了过来，然后逐渐冷却固化。整个转化过程就此结束。

把爆米花倒出来以后，你总会发现几个没爆开的"伤兵"，焦黑的玉米粒悲伤地躺在锅底。如果种皮破损，高温蒸汽会直接逃逸，玉米粒内部无法积聚气压，自然就不会爆开。正因如此，玉米可以用来做爆米花，其他谷物却不行，因为它们的种皮上有细小的孔洞。如果玉米粒太干——比如收获的时机不对——导致种皮内部的水分不足以在蒸发后产生足够的压强，它也不会爆开。少了剧烈的爆炸，原来不能吃的玉米粒到最后还是不能吃。

我端着茶和这碗烹制完美的爆米花走到窗边遥望外面的风暴。破坏有时候也不是坏事。

●

简单就是美，化繁为简的美更令人动容。在我看来，描述气体行为的定律就像视错觉的游戏，你以为自己看到了某样东西，可要是眨眨眼再看，它又会变成另一种截然不同的东西。

我们生活的世界由原子组成。这些微小的物质粒子拥有相似的结构：外层带负电的电子陪伴着内部带正电的沉重原子核，但不同的原子之间仍有区别。化学的故事讲的是电子如何按照量子世界的严密规则，让多个原子共担责任、改变阵形，以及支撑被俘获的原子核组成更大的模式：分子。

就在我敲下这些字时，在我呼吸的空气中，成对的氧原子（每对氧原子都是一个氧分子）正在以 1500 千米 / 小时的速度不断撞击以 320 千米 / 小时的速度运动的氮原子，也许还会撞上速度为 1600 千米 / 小时的水分子。不同的原子和分子在以不同的速度运动，这里的混乱与复杂超乎想象。每立方厘米空气中大约有 30000000000000000000（3×10^{19}）个分子，每个分子每秒大约会发生 10 亿次碰撞。面对这么复杂的问题，你可能会觉得最明智的做法是直接放弃，转而研究脑科手术、经济理论，或者干脆黑掉一台超级计算机——干什么不比这个简单呢？

那些研究气体运动的先驱当年根本不知道自己面对的到底是什么，不然他们可能根本没有勇气探索下去。无知也有无知的好处。19 世纪初，人们还认为原子的概念不科学；直到 1905 年，人们才找到了原子存在的确切证据。而在 1662 年，罗伯特·波义耳（Robert Boyle）[1] 和他的助手罗伯特·胡克（Robert Hooke）[2] 只有玻璃器皿、水银、密闭容器里的空气和恰到好处的无知。他们发现，如果增大压强，容器内空气的体积会随之缩小。这就是波义耳定律：气体压强与体积成反比。一个世纪后，雅克·查理（Jacques Charles）[3] 发现，气体的体积与温度成正比。温度升高至原来的 2 倍，气体

---

1 罗伯特·波义耳（1627—1691），英国科学家，在物理学和化学领域都有重大贡献，其著作《怀疑派化学家》（The Skeptical Chemist）被人们称为近代化学的开山之作。——编者
2 罗伯特·胡克（1635—1703），英国科学家、博物学家、发明家。胡克是一位多才多艺的科学家，在很多领域都有重大贡献。——编者
3 雅克·查理（1746—1823），法国物理学家、数学家、发明家。——编者

体积也会膨胀至原来的 2 倍。这简直不可思议。复杂的原子运动怎么会遵循这么简洁明了的规律呢？

抹香鲸和福卡恰面包

　　抹香鲸深吸一口气，轻轻一甩壮硕的尾巴，重新潜入海面以下。现在，它的体内储备了接下来 45 分钟内生存所需的一切，狩猎开始了。这次的猎物是一条巨型鱿鱼。鱿鱼身体柔韧，触须上长着可怕的吸盘，坚硬的喙看起来颇有几分骇人。要找到猎物，抹香鲸必须潜入大海深处阳光无法到达的黑暗世界。它下潜的深度通常是 500~1000 米，最深可达 2 千米。黑暗的深海中，抹香鲸靠高定向声呐探测猎物的踪迹，等待猎物靠近带来的微弱回声。巨型鱿鱼仍在毫无防备地游弋，因为它听不见任何声音。

　　在深海中，抹香鲸最珍贵的储备就是氧气，氧气所驱动的化学反应为运动的肌肉提供了能量，抹香鲸要借此维持生命。不过，从大气中摄取的气态氧到了深海中会成为一种负担。事实上，从抹香鲸潜入水中的那一刻开始，肺里的空气就成了麻烦。每下潜 1 米，它承受的外部水压就多一分。氮分子和氧分子不断碰撞彼此，也碰撞着肺壁，每次碰撞都会产生一个极小的推力。在水面上，抹香鲸身体内外的推力是平衡的，但随着它不断下潜，身体承受的水压越来越大，由外向内的推力超过了由内向外的推力，于是肺壁依靠向内塌陷让内外压力重新平衡。抹香鲸的肺逐渐缩小，每个分子拥有的空间也遭到挤压，因此碰撞变得更加频繁，这意味着单位面积的肺壁将承受更多碰撞，肺内压强也随之增大，直至与外界压强相等。水下 10 米深处的水压相当于标准大气压的 2 倍。在这个深度，尽管抹香鲸还能轻松看到水面上的东西（只要它愿意去看），它的肺仍会缩小到原来的 1/2。这意味着分子碰撞肺壁的次数增加了 1 倍。但是，鱿鱼的位置可能在水下 1 千米，在这个深度，抹香鲸的肺会缩小至它在水面时的 1/100。

这头抹香鲸终于听到了回声，现在它必须带着缩小的肺，依靠声呐的指引在无垠的黑暗中迎接战斗。巨型鱿鱼有自己的武器，抹香鲸就算最终获胜，也可能身负重伤。要是没有肺里的氧气，它根本无法获得战斗所需的能量。

肺部缩小会带来什么问题呢？如果肺的体积变成了它在水面时的 1/100，那么肺内气体的压强就会增加到标准大气压的 100 倍。血液中的氧气和二氧化碳在小巧的肺泡里完成交换，如果压强过大，多余的氧和氮就会在这个过程中溶解到抹香鲸的血液里。这些多余的气体可能造成严重的后果，潜水者称之为"减压病"。在抹香鲸返回水面的过程中，多余的氮气会在血液里形成气泡，破坏机体。从演化的角度来说，抹香鲸唯一的对策是从离开海面那一刻起彻底关闭肺泡。好在它可以通过血液和肌肉中额外储备的氧气获得足够的能量。抹香鲸体内的血红蛋白浓度是人类的 2 倍，肌红蛋白（肌肉中储存能量的蛋白质）浓度则是人类的 10 倍。抹香鲸会在海面上填满这个巨大的储备库。抹香鲸深潜时绝不会动用肺里的空气，这实在太危险了。不过在水面以下，它能够利用的不仅仅是吸入的最后一口气，肌肉中储备的额外补给也会支持它的生存和战斗。

谁也没见过抹香鲸大战巨型鱿鱼。但人们在抹香鲸尸体的胃里发现过鱿鱼的喙，这是鱿鱼身上唯一不能被消化的部分。可以说，每一头抹香鲸的胃都记录着它获得胜利的次数。得胜归来的抹香鲸游向阳光，它的肺慢慢膨胀，恢复血氧供应。随着外部压强不断减小，肺的体积也会逐步回到原来的大小。

奇怪的是，在实践中，复杂的分子运动经过复杂的统计学处理后，竟能得出较为明确的结果。的确有无数分子以不同的速度碰撞了无数次，但重要的参数其实只有两个：分子运动的速度范围，以及分子碰撞容器壁的平均次数。碰撞次数和每次碰撞的强度（取决于分子的速度和质量）决定了气体压强。内部和外部气体压强的比例决定了气体体积。不过，温度带来的影响又有一点不同。

●

"一般来说，谁最在乎这个呢？"我们的老师亚当身穿白色束腰上衣，发福的肚子圆滚滚的，非常符合人们心目中烘焙师的形象，浓重的伦敦口音为他锦上添花。他对着一坨奇形怪状的生面团戳了戳。面团立刻吸住了老师的手指，就像一个活物——当然，面团里的确有生命。"要做出好面包，"亚当指着面团宣布，"我们需要空气。"此时此刻，我正在烘焙学校里学习制作意大利传统面包福卡恰。10 岁以后我就没系过围裙，因为我已经很熟悉厨房了。然而，烤过很多面包的我，却从没见过这么奇怪的面团，真是大开眼界。

在亚当的指导下，我们开始乖乖揉面。首先将新鲜酵母和水混合起来，然后加入面粉和盐，用力揉搓出筋，谷蛋白是面包塑形的关键。在我们揉面的时候，活酵母忙着发酵糖，并且制作二氧化碳（CO_2）。和我揉过的所有面团一样，福卡恰面团里其实没有外面的空气，只有许许多多的二氧化碳气泡。延展性良好的黏性面团是绝佳的生物反应堆，酵母制造的产品困在面团内部，于是面团开始"长高"。

第一阶段的发酵结束后，面团被放进橄榄油里好好洗了个澡，然后继续长高。与此同时，我们开始清洗自己的双手、操作台，还有多得惊人的各种器具。酵母的每一次发酵反应都会释放出两个二氧化碳分子，这种惰性小分子由两个氧原子和一个碳原子组成，在室温下呈气态。大量二氧化碳分子聚集形成气泡，然后它们就在这个小小的密闭空间里玩起了碰碰车。分子的每一次碰撞都可能交换能量，就像母球击中斯诺克球一样。有时候，一个分子会减速到近乎静止，另一个分子携带所有能量呼啸而去。有时候，两个分子会分享能量。每一次与富含谷蛋白的气泡壁发生碰撞时，分子都会产生一个推力，所以在这个阶段，面团里的气泡会逐渐变大。气泡内积累的分子越来越多，向外的推力也越来越强。气泡不断膨胀，直至内外气压平衡。碰撞气泡壁的二氧化碳分子有的活跃，有的迟缓。和物理学家一样，烘焙师也不在乎每个分子的具体速度，因为关键在于统计学数据所呈现的整体情况。在室温和标准大气压下，有29%的二氧化碳分子运动速度为350~500米/秒，拥有这个速度的分子具体是哪些并不重要。

亚当拍了拍手，示意我们看向他。他像魔术师一样揭开面团上的盖布，并且演示了一种我从没见过的操作。亚当把浸过油的面团拉长再叠回来，每侧各折叠一次，这是为了将外面的空气锁在皱褶之中。我不由得在脑子里大喊：这是作弊！我一直以为，面包里的气体应该是酵母释放的二氧化碳才对。我曾在日本见过一位折纸大师愤怒地批评自己的学生，说他不该用透明胶带来粘补折好的角马。在这堂烘焙课上，我感受到了同样的无名怒火。可是，既然你需要气体，弄些空气来又有什么错呢？反正等面包烤好以后，谁也不会知道它里面的气体到底来自哪里。最后，我决定服从专家的指导，老老实实叠面团。几小时后，就在我已经被发酵、折叠、浸泡橄榄油的重复流程折磨得近乎绝望的时候，充满气泡的福卡恰面团终于能进烤炉了。两种气体都将大显身手。

烤炉里的热能开始渗入面包。炉子里的气压和外面一样，但面包内部的温度却从20℃剧增到了250℃。换算成绝对温度[1]的话，那就是从293K增长到了523K，几乎翻了一番。

---

1 我们将在第6章讨论绝对温度的含义。

对气体来说，这意味着分子的运动速度会变快。这里有个违反直觉的概念：单个分子没有"温度"这一说。某种气体，或者说一团分子，是可以有温度的，但单个分子无所谓温度。气体温度实际上是描述分子平均动能的一种方式，但说起某个具体的分子，它总在不断碰撞并且交换能量，因此它的速度也时快时慢，飘忽不定。每个分子都是一辆碰碰车，它的瞬时速度取决于得到的能量。气体分子运动速度越快，撞击气泡壁的力量就越大，产生的压强也越大。

面包进入烤炉以后，气体分子突然得到了大量热能，于是它们开始加速。分子运动的平均速度从 480 米 / 秒提升到了 660 米 / 秒，气泡壁承受的向外推力也随之增大，但外部压强却和原来一样。因此，每个气泡都会随着温度升高而增大，迫使面团向外膨胀。重点在于，空气气泡（主要成分是氮气和氧气）和二氧化碳气泡的膨胀率没有任何区别。分子的类型根本无关紧要，在压强恒定的情况下，无论是什么气体，只要温度升高 1 倍，其体积就会增大 1 倍。或者说，要在温度升高 1 倍的情况下保持气体体积恒定，那么它的压强会增加 1 倍。气体由哪些原子组成根本不重要，因为从统计学角度来说，所有气体都一样。面包烤好以后，谁也说不清哪个气泡来自二氧化碳，哪个又来自空气。包裹气泡的蛋白质和碳水化合物基质被烤熟固化，气泡完成了塑形，蓬松洁白的面包就这样做好了。

理想气体定律描述了气体的运动规律。事实证明，理想是可以实现的，这条定律完全符合现实情况。根据理想气体定律，对于一定质量的气体而言，压强和体积成反比，温度和压强成正比。在压强不变的情况下，气体体积和温度成正比。气体的种类不重要，重要的是气体分子的数量。理想气体定律为我们带来了内燃机、热气球，还有爆米花。而且它不光适用于升温时的情况，还适用于降温时的情况。

风的瀑布和发泡奶油

抵达南极是人类历史上一个重要的里程碑。伟大的极地探险家阿蒙森、斯科特、沙克尔顿等人都是传奇人物，讲述他们成败的图书记录了这个世界上最精彩的冒险故事。南极探险者需要面对的不仅仅是超乎想象的低温、食物短缺、咆哮的大海和衣物匮乏，就连伟大的理想气体定律也在跟他们作对。

南极洲腹地是一片气候干燥的高原，地面上覆盖着厚厚的冰层，但这里极少下雪。微弱的阳光几乎全都被白得刺眼的地面反射回去了，所以这里的温度最低可达 -80℃。这里一片冷清。从原子层面上说，极地的大气几乎是凝滞的，因为气温太低，空气分子携带的能量少得可怜，运动速度自然也快不起来。高处的空气下沉到高原地表，又会被冰层偷走一部分热量，于是冷空气变得更冷。在同样的气压下，低温会使空气的体积缩小，变得致密。空气分子之间的距离也会拉近，运动速度更慢，更难抵挡周围空气的推力。南极的陆地海拔较高，向外延伸形成入海的斜坡，这些寒冷致密的空气会沿着斜坡不可抵挡地滑向大海，就像一道缓慢流动的气体瀑布，沿着巨大的山谷永不停歇地向着低处的大海奔流，速度越来越快。这就是南极洲的下降风，要是你想去南极点，那就得一路顶风前进。这真是大自然对探险者们开的最恶毒的玩笑。

很多地方都会出现下降风，下降风也不一定是冷风。在下降的过程中，凝滞的气体分子会有微弱的升温，这些微不足道的温暖可能造成戏剧性的结果。

2007 年，我在圣迭戈的斯克里普斯海洋研究所（Scripps Institution of Oceanography）工作。作为一个北方人，我有些不习惯圣迭戈四季不变的灿烂阳光。不过，每天早上我都能在室外游泳池里游泳，所以我也没什么可抱怨的。这里的日落十分壮美。圣迭戈位于海滨，西面便是一览无余的太平洋，傍晚的天际线美得惊人。

但我仍想念四季分明的气候。圣迭戈的时间仿佛凝固了，身在此地就像生活在梦中。不过接下来，圣塔安娜风（Santa Ana winds）来了，圣迭戈温暖宜人的天气变得炎热干燥，令人浑身难受。每年秋天，圣塔安娜风总会准时到访，来自高海拔沙漠的风吹过加利福尼亚州的海岸，奔向大海。这其实也是一种下降风。但圣塔安娜风到达海面时，空气的温度比出发时要高得多。

我清晰地记得那一天，我们沿着 I-5 高速公路北上，远处是一条焚风奔流的巨大山谷，开车的是我当时的男朋友。我看到山谷底部云河蒸腾。"你闻到烟味儿了吗？"我问他。"别犯傻了。"他回答。

但是第二天一早我醒来时，整个世界都变了模样。肆虐的野火沿着山谷烧到了圣迭戈北面，空气中飘着烟尘。一处篝火在炎热干燥的天气里失去了控制，火借风势，一路烧向海边。我看到的那条云河其实是野火冒出的浓烟。去上班的人要么被打发回家了，要么围在一起听广播，担心着自己的房子。我们只能等待。地平线上一片朦胧，从太空都能看到的烟云遮蔽了视线，但日落美得惊心动魄。三天后，烟雾开始上升。我认识的一些人在大火中失去了家园。所有东西上都蒙着一层灰，卫生官员建议人们一周内不要进行户外锻炼。

高原上灼热的沙漠空气经过冷却，变得致密，于是沿着山坡向下流动，就像斯科特在南极洲遇到的大风一样。然而，引发火灾的气流不仅干燥，还有很高的温度。焚风在下降的过程中为什么会变得越来越热？这些能量到底来自哪里？答案依然藏在理想气体定律之中：焚风携带的空气有着恒定的质量，而且运动速度非常快，没有时间和周围的环境交换能量。致密气流一路下降，谷底原有的空气会对它产生压力，因为谷底的气压相对较高。物质会因受压而获得能量。

你不妨想象一下：一个气球朝着一团空气分子前进，有些分子会撞上气球，然后被弹开，它们的能量显然比撞在静止平面上的分子要高。圣塔安娜风携带的空气体积会缩小，因为它遭到了周围空气的挤压。这样的挤压让运动的空气分子得到了能量，风也变得越来越热。这个过程叫作绝热增温。每年圣塔安娜风到来的时候，加利福尼亚人总会格外警惕明火。干热的焚风夺了大气中的水分，一点火星都很容易引燃野火。风的热量不光来自加州的艳阳，还来自周围空气的推挤。只要空气分子的平均速度发生变化，它的温度就会随之改变。

从罐子里挤出发泡奶油的过程则与此相反。奶油喷出的瞬间，内部的空气立即膨胀，对外界产生推力、释放能量，最后冷却下来。喷射奶油罐的喷嘴摸起来总是凉的，那是因为流经喷嘴的空气接触到大气时释放了能量。

气压只是一种参数，用于衡量微小的分子撞击某个表面的力度。正常情况下，我们不会注意到气压的存在，因为这样的撞击是均匀的。如果我举起一张纸，它并不会凭空移动，因为纸的正反两面承受的气压相等。我们每个人都时时刻刻承受着空气产生的推力，但你几乎不会感觉到它的存在。人们花了很长时间才真正了解这种推力的大小，最后的答案有些出人意料。人们很容易认识到这个发现的重大意义，因为科学家采取了一种极为直观的演示方式。重要的科学实验通常和戏剧性的场面无关，但这个实验却拥有诸多吸引眼球的要素：马、悬念、令人震惊的结果，还有神圣罗马帝国皇帝的亲眼见证。

马德堡半球和大象的鼻子

想知道作用于某件物体的气压到底有多大，你必须抽掉物体另一面的空气，形成真空，这并不容易。公元前 4 世纪，亚里士多德曾宣称："自然界厌恶真空。"1000 年后，这个观点仍盛行于世。创造真空似乎是个不可能的任务。但在 1650 年前后，奥托·冯·格里克（Otto von Guericke）发明了第一台真空泵。格里克不甘心让自己的发明埋没在无人问津的技术论文中，他是一位著名的政治家、外交家，与当时的统治者关系良好，或许正是这样的背景促使他选择了一种夺人眼球的演示方式。[1]

斐迪南三世（Ferdinand III）是神圣罗马帝国的皇帝，也是欧洲许多地区的最高统治者，1654 年 5 月 8 日，他带着侍臣们来到了巴伐利亚的国会大厦外。奥托取出一个直径 50 厘米的空心铜球，铜球被切成了两半，接缝处光滑平整，每个半球外侧都有一个环，环上系着一根绳子，方便人们把两个半球拉住。他在铜球的接缝处涂上润滑油，将两个半球拼到一起，然后用自己发明的真空泵抽出球内的空气。[2] 铜球外面没有任何固定装置，可是空气被抽出去以后，两个半球牢牢地合在了一起，就像被胶水粘起来了一样。奥托早已发现，真空泵可以帮助人们直观地看到空气的力量有多强大。数十亿微小的气体分子一刻不停地撞击铜球外表面，将两个半球推到一起，但球内却没有与之抗衡的推力。要把两个半球拉开，从外部施加的拉力必须大于空气的推力。

接下来马儿出场了。两个半球各套一组马，分别向两边用力拉。皇帝和侍臣们亲眼见证了马和看不见的空气角力。两个半球合在一起也就是一个大号水皮球的大小，使它们连接的压力全部来自空气分子的撞击，30 匹马都

---

1 现在我们并不鼓励用这样的方式来对待科学。
2 我们不知道奥托的真空泵到底抽出了多少空气。球内肯定达不到严格意义上的真空，但至少接近真空了。

无法将它们拉开。艰苦的拔河结束后，奥托打开阀门让空气进入球内，两个半球自己分开了。毋庸置疑，气压是这场比赛的胜利者，它的强大超乎所有人的想象。如果你把这样的一个球完全抽空然后垂直悬挂起来，从理论上说，它可以承受 2000 千克的重物，两个半球不会因此分开。要知道，这差不多等于一头犀牛的重量。也就是说，如果你在地上画个直径 50 厘米的圈，那么空气向这块小小的地板施加的压力就相当于一头犀牛站在上面。看不见的渺小分子撞击我们的力度竟然有这么大。奥托为不同的观众演示了很多次这样的半球实验，后来人们将这种铜球命名为"马德堡半球"，因为马德堡是奥托的家乡。

奥托的实验之所以闻名于世，也是因为有人留下了记录。加斯帕尔·肖特（Gaspar Schott）在 1657 年出版的一本书里提到了马德堡半球实验，奥托的成就从此进入主流科学界的视野。有记载称，奥托的真空泵启发了罗伯特·波义耳和罗伯特·胡克后来的气压实验。

你可以自己做个真空实验，不需要马，也不需要皇帝。请找一块能够盖住玻璃杯口的方形厚卡纸。为防万一，这个实验最好在水槽里完成。在玻璃杯里装满水，把卡纸放在杯口边缘，然后小心地平推过去，直至卡纸完全盖住杯口，注意不要留下任何气泡。接下来你可以把玻璃杯倒过来，然后松开手。现在卡纸承受着整杯水的重量，却不会掉下来。这是因为下方的空气分子不断撞击卡纸，产生了向上的推力。这样的力量可以轻而易举地托起一杯水。

空气分子的撞击不光能固定物体，也能推动物体，其他动物早就发现了这个秘密，大象就是利用气压的专家。

非洲象体形庞大，它们优雅漫步的身影常常出现在干燥多尘的热带草原上。象群的核心成员通常是几头母象。年高德劭的族长带领象群寻找水和食物，它们根据自己对地形的记忆做出决策。对于这些动物来说，空有大块头是无法生存的。大象的身体沉重而笨拙，为了弥补这一点，它们拥有了动物王国里最精密、最灵敏的工具：象鼻。象群行进途中，每一头大象都会用这种奇特的装备不断探索周围的世界。象鼻能够传达信息、进行嗅探、辅助进食，还能喷水。

无论从哪个方面来看，象鼻都很奇妙。组成象鼻的肌肉相互联系、协同工作，能够灵活自如地弯曲扭转，还能抓取物体。光是这一点就已经足够实用，贯穿象鼻的两个鼻孔又为它锦上添花。鼻孔从象鼻末端通往大象的肺部，有趣的事情就发生在这里。

象群来到水边。和其他地方一样，这里看似平静的空气在一刻不停地运动着，无数分子撞击着大象皱巴巴的灰色皮肤，也撞击着地面和水面。族长走在象群的最前面，它甩着鼻子慢吞吞地走进池塘，沉重的脚步激起阵阵涟漪。它把鼻子伸进水里，闭紧嘴巴，胸部周围的大块肌肉开始收缩，使胸腔扩张。随着肺部的膨胀，肺里需要更多空气分子去占领新的空间。这意味着，在接触凉爽池水的象鼻末端，鼻孔里撞击水面的空气分子会变少。尽管空气分子运动的速度不变，母象肺内气压仍会下降。在外部气压与肺内气压的推挤赛中，外压获得了胜利。内压小于外压，所以外压推动水进入象鼻。不过，等到水占据了一部分空间后，母象体内的空气分子又会恢复原来的密度，象鼻里的水柱也不再上升。

你用鼻子喝水会呛到，大象也一样。在鼻子里存了大约 8 升水以后，族长的胸腔就会停止扩张。接下来，它弯起鼻子对准自己的嘴，肌肉挤压胸腔，让肺变小。体内的空气分子受到挤压，象鼻内部的水面就会遭到更多撞击。内压和外压的战斗倒过来重演一遍，象鼻里的水被挤到嘴里。族长通过控制肺的容量来调节内外压差。只要闭上嘴巴，鼻孔就成了空气出入身体的唯一通道，这样它就能够随心所欲地用鼻子吸入或喷出东西了。象鼻和肺是大象操控空气的工具，大象借助空气来喷水，而不是单纯依靠自己的力量。

我们用吸管喝水也是基于同样的原理。[1] 肺部扩张，肺内空气变得相对稀薄，在吸管里对水面施压的分子就会变少，于是外部气压推动管内液面上升。这个动作我们称之为"吸"，但实际上我们并没有对水施力，吸管外的空气替我们推动了吸管里的水。只要一边空气分子撞击的力度大于另一边，就连沉重的水都可以被推动。

象鼻和吸管利用气压吸水的能力也有限度。两侧的压差越大，一侧对另一侧的推力也越大。但你能够用吸管制造的压差顶多就是一个标准大气压的大小。最完美的真空泵也只能把水抽到 10.2 米的高度，因为我们周围的空气只能提供这么多推力。所以，为了最大限度地利用气体分子提供推力，你得设法让它们在更高的压强下工作。大气就能提供可观的推力，但气体在高温高压下产生的推力更加惊人。只要气体分子的数量够多，速度够快，撞击频率够高，它们就足以推动人类文明。

古老的蒸汽机和用来送信的火箭

蒸汽火车是钢铁制造的巨龙，这头怪兽呼哧呼哧地喘着粗气，力气大得吓人。不到 100 年前，钢铁巨龙在大陆上飞驰，将工业产品和社会所需的其他物资运到诸多国家的各个地区，将旅客送往远方。蒸汽火车外表平平无奇，还会造成不可忽视的噪声和污染，但它们仍是工程学的杰作。就算这些巨龙已经过时，我们仍舍不得让它们彻底死去。志愿者和爱好者的热忱让一些蒸汽火车存留至今。我在英国北部长大，我的整个童年都沉浸在工业革命史中，对磨坊、运河、工厂，还有最重要的蒸汽机无比熟悉。现在我住在伦

---

1 呼吸也一样，你吸进肺里的每一口气都是靠气压差呼出去的。

敦，这段过往渐渐淡去，但和妹妹一起乘坐蓝铃铁路蒸汽火车的旅程唤醒了我的记忆。

那是个寒冷的冬天，在这样的日子里，乘坐蒸汽火车奔向热茶和司康饼简直是最完美的旅程。出发前，我们没在站台上逗留太久，不过到达谢菲尔德公园后，我们离开火车，在外面待了一会儿。来来往往的人们动作迟缓，却井然有序。与庞大的钢铁巨兽相比，人类看起来是那么渺小。你很容易认出维护机车的工作人员，他们穿着蓝色制服，戴着有檐帽，举手投足间活力十足，有的工人留着胡子，不干活的时候，他们总喜欢在某个地方靠着。而且正如我妹妹所说，这些人里名叫"戴夫"的多得惊人。

蒸汽发动机的妙处在于，它背后的原理非常简单，产生的力量却是那么强大，我们需要去激发它、驯服它、培养它。蒸汽发动机和维护它的人类是密不可分的。

站在地面上仰望巨大的黑色发动机，你很难想象它其实就是一个带轮子的火炉，上面烧着一大壶水。一位戴夫邀请我们去驾驶室里看看。我们爬上发动机背面的梯子，发现眼前黑乎乎的房间里到处都是黄铜把手、表盘和管子，我还看到了两个白色搪瓷马克杯和塞在管子后面的三明治。不过驾驶室最有趣的地方在于，你可以直接看到这头钢铁怪兽肚子里面的东西。蒸汽发动机的中央是一座巨大的炉子，炉膛里炽烈燃烧的煤发出明亮的黄光。烧火工递给我一把铲子，让我给发动机"喂料"，我乖乖从后面的补给车里挖了一铲子煤，送进那张炽热的大嘴。发动机很饿。要跑完这条 18 千米的路线，它得烧掉 500 千克煤。这半吨固体黑金会转化成二氧化碳和水分子的混合气体，燃烧释放的巨大能量将它们变得滚烫。这是蒸汽火车能量转化过程的第一步。

蒸汽发动机最引人注目的部件无疑是机舱与炉子之间的长圆筒，它是发动机的主体。我从没认真想过圆筒里到底有什么东西，其实那里面填满了管子。火炉产生的热气通过这些管子传遍整个发动机，从本质上说，它是蒸汽火车的"水壶"。管子周围的大部分空间充满了水，吸收了管内气体的热量后，灼热的水分子蒸发成气体，在发动机顶部以极快的速度左冲右突。这就是蒸汽发动机的工作本质：用炉子和水壶制造出大量灼热的水蒸气。这头巨龙不会喷火，它喷出的是数以亿计携带能量的分子，但这些高速运动的分子却被困在发动机内部的狭小空间里。"水壶"顶部的气体温度约为180℃，产生的压强高达10个标准大气压。这些分子狂暴地敲打着发动机壁，但只有在人类需要它们干活的时候，它们才能出去。

我们离开驾驶室，走到机车前方。高耸的发动机、半吨煤、巨型水壶和所有维护人员——我们刚才看到的一切都服务于眼前这个东西：两个带活塞的圆筒，每个直径约50厘米，长约70厘米。它位于机车前方，和整个钢铁巨龙比起来是那么渺小，但却是真正的核心所在。灼热的高压蒸汽进入其中一个圆筒，活塞另一面的普通空气无法抵御巨龙喷出的10倍气压，分子的撞击力推动活塞沿着圆筒移动，伴着令人心满意足的"哐咔"声，灼热的气体最终会释放到外面的大气之中。蒸汽发动机熟悉的"哐咔"声正是源于这里，这是完成任务的水蒸气释放到大气中时发出的声音。活塞推动车轮沿铁轨前进，车头拖着车厢开动了。我们知道，维持蒸汽发动机运转需要消耗大量煤，但很少有人关心蒸汽火车跑一趟需要多少水。500千克燃煤会将4500升水转化成蒸汽，这些蒸汽推动活塞，然后伴随着每一次的"哐咔"声散逸到大气中。[1]

参观结束后，我们依依不舍地离开发动机，回到车厢里，让蒸汽火车把我们送回家。返程途中，一切似乎都变得不一样了。看到窗外白茫茫的一片，我不由得想起水蒸气为我们的旅途做出的贡献；想到刚才在驾驶室里看到的

1　不知道你有没有好奇过，托马斯小火车上为什么会有个"水罐"，答案当然是为了装水。蒸汽火车所需的水可以和煤一起存放在专门的车厢里，也可以直接装在发动机周围的水罐里。托马斯小火车采用的就是后面这种方式，所以它的蒸汽车头是长方形的。

景象，发动机巨大的轰隆声似乎也不那么吵了。要是有人能用玻璃做一台蒸汽机车该有多好，这样所有人都能看到这头巨兽是怎么工作的。

利用气体分子的推力是 19 世纪早期蒸汽革命的核心。你只需让某个表面两侧的气体产生压力差，这样的推力能顶起厨房里的锅盖，也能用来运送食物、燃料和旅客，两种现象的基本原理完全相同。现在，蒸汽发动机已经过时，但我们仍在利用气压差带来的推力。从技术角度来说，蒸汽发动机属于"外燃机"，因为炉子和水壶彼此独立，互不相干。而在汽车发动机里，燃烧发生在圆筒内部，汽油就在活塞旁边燃烧，产生的高温气体直接推动活塞。这类发动机被称为"内燃机"。开车或坐公交车的时候，请你记得，推动你的是气体分子。

气压和体积的关系非常容易演示，你只需要一个广口瓶和一个剥了壳的熟鸡蛋。瓶口的直径要比鸡蛋小一点点，让鸡蛋能够安稳地放在瓶口上，不会掉进去。请点燃几张纸扔进瓶子，让燃烧持续几秒，然后把鸡蛋放在瓶口。片刻之后，你会看到鸡蛋慢慢地挤进了瓶子里。这下麻烦了，该怎么把瓶子里的鸡蛋弄出来呢？把瓶子倒过来，让鸡蛋从里面堵住瓶口，然后用热水冲一会儿瓶子，鸡蛋自然就会掉下来。

这个游戏的奥秘在于，瓶内气体的质量是固定的，通过鸡蛋你可以看出是瓶子里的气压更高还是外面的气压更高。鸡蛋在瓶口，那么瓶内气体的体积是固定的。这时候如果用火加热瓶子，那么瓶内气压就会升高，会有空气从鸡蛋周围冒出来。等到气体冷却下来，瓶内气压也会随之降低，所以鸡蛋会挤进瓶子。这时候，外部气压大于瓶内气压。容器还是这个容器，你可以反复冷却、加热空气，让鸡蛋钻进钻出。

蒸汽发动机制造的高压是稳定可控的，它能为活塞和车轮提供理想的动力。但事情并未到此为止。为何不简化从气体到轮子的过程，以此节约能量呢？为何不用高温高压的气体直接驱动车辆？枪炮和烟花就是这类思路的产物。众所周知，在发明之初，这些东西的稳定性都很差，到了 20 世纪初，人类的技术和追求都有了长足的进步，火箭才终于被发明出来，它采取的正是最直接的推进方式。

第一次世界大战之前，火箭技术还不够可靠，在 20 世纪 30 年代，发射出去的火箭很可能飞往正确的方向，却不大可能炸死人，至少多数情况是这样。和很多新技术一样，火箭刚刚发明的时候，人们根本不知道它能用来干什么。在热情的驱使下，富有创造力的人类为它想出了一个听起来很时髦却破坏力十足的新用途：送信。

在欧洲，人们真的试过用火箭送信，这完全是因为格哈德·楚克尔 (Gerhard Zucker) 的努力。当时捣鼓火箭的发明家有好几位，但面对接踵而来的挫折与失败，只有楚克尔以近乎偏执的坚持和绝不放弃的乐观走在了所有人的前面。这位德国的年轻人痴迷于火箭，可是军方对他的发明毫无兴趣，所以他转而在民用领域探索前景。在他看来，用火箭送信正是全世界人民翘首以盼的，因为火箭速度够快，可以跨越大洋，而且闪烁着创造力的光辉。德国人受够了他失败的早期试验，于是楚克尔来到了英国。在这里，他获得了集邮爱好者的友谊和支持，集邮者们欢迎新邮戳和新的邮递系统。在汉普郡进行了一次小规模试验后，1934 年 7 月，楚克尔动身前往苏格兰，试图在斯卡普岛和哈里斯岛进行火箭送信试验。

楚克尔的火箭还不太成熟。它的主体是一个长约 1 米的巨大金属圆筒，圆筒内有一根装满了炸药粉的细铜管，喷嘴位于圆筒底部。信件就塞在铜管外壁和圆筒内壁之间。火箭顶端是个带弹簧的尖顶，楚克尔希望它能缓冲火箭着陆的冲击力。更可爱的是，考虑到炸药可能引燃信件，楚克尔还在铜管外添加了保护层，他在草图上是这样标注的："用石棉包裹火药筒，以防毁坏邮件。"这枚火箭被安放在一台支架上，斜斜指向天空。发射的时候，电池会引燃炸药，产生大量高压热气。高速运动的气体分子猛烈撞击火箭顶端，推动它向前飞行，但火箭尾端不存在等量的推力，废气只是通过喷嘴直接排放到大气中。推力的失衡使火箭疾速向前飞行，炸药会持续燃烧几秒，足以将火箭推到高空，让它飞越两座岛之间的海峡。至于火箭的落点和着陆方式，他似乎没怎么考虑，不过楚克尔之所以会在苏格兰四面环海的偏远地区进行这次试验，应该也有这方面的原因。

为了完成试验，楚克尔征集了 1200 封信件，每封信上都盖了特制的邮戳，上面写着"西部群岛火箭邮政"。他把塞得满满当当的火箭放到支架上，围观的人群屏息静待，英国广播公司的摄像机开拍，激动人心的时刻来了。

发射键被按下的瞬间，电池点燃了炸药。剧烈的燃烧在铜管内制造出灼热的混合气体，载满能量的分子撞击火箭顶壁，推动火箭离开支架高速升空。不过短短几秒钟后，伴随着一声巨大的闷响，火箭消失在一团浓烟中。烟雾散尽后，数以百计的信件从半空中飘落。石棉层圆满地完成了任务，火箭却彻底被毁。高压热气很难控制，携带大量能量的分子炸掉了火箭的外壳。楚克尔觉得是炸药筒不够好，他开始回收信件，准备进行第二次试验。

几天后，从上次事故中抢救回来的 793 封信和 142 封新邮件被塞进了第二枚火箭。这次楚克尔选择在哈里斯岛发射，终点是斯卡普岛。不过他还是差了点运气。第二枚火箭直接在发射台上爆炸了，这次的声音更加响亮。残存的信件再次被收集起来，由常规邮政系统送往收件人手中，只有烧焦的毛边暗示着它们不同寻常的历程。火箭试验遭到了公众的抛弃。但接下来的几年里，楚克尔仍锲而不舍，他总是相信下次一定会成功，但成功始终没有到来——至少他从未用火箭成功送出过信件。[1] 楚克尔是个执着于探索的人。我们可以说他没有在正确的时间和地点想出正确的主意。要是天时地利人和

---

1 当时，印度空中邮政协会（Indian Airmail Society）也尝试过用火箭送信。在 270 次飞行试验中，工作人员不光用火箭送信，还送过邮包，但始终无法建立起长期稳定的投递系统。最后人们得出结论，火箭邮政可靠性低、成本高昂，根本无法与常规的地面邮政竞争。

俱全，人们就会将他尊为天才。小型火箭可靠性低、精度不高，要说送信，它的确比不上机动化运输系统和电报。从某种角度来说，楚克尔是对的：以高压热气为推进剂，完成 A 点到 B 点的运输任务，这个想法潜力无限。可最后是其他人为这个原理找到了真正的舞台，解决了实际问题，最后大获成功。德国的 V1 和 V2 火箭在第二次世界大战中崭露头角，火箭研发纳入军方项目，民用太空项目也逐渐兴起。

现在，我们早已熟悉了巨大的火箭搭载设备和人员飞往国际空间站或者将卫星送上太空的画面。火箭的确非常强大，现代的控制系统让它们变得安全可靠，这是人类了不起的成就。但是，无论是"土星 5 号"（Saturn V）、"联盟号"（Soyuz）、"阿丽亚娜系列"（Ariane）还是"猎鹰 9 号"（Falcon 9），所有火箭背后的基本原理都和楚克尔简陋的邮政火箭一模一样。只要能在足够短的时间内制造出足够多的高压热气，你就可以利用数以亿计的分子累积起来的强大撞击力。"联盟号"火箭第一级的飞行气压大约是标准大气压的60 倍，所以它产生的推力也是普通空气推力的 60 倍。不过，这两种推力本质上完全相同，都是由分子撞击物体而产生的。只要分子够多，速度够快，撞击频率够高，这样的推力就能把人类送上月球。永远不要低估那些小得看不见的东西！

能量和天气

气体分子总是和我们形影不离。地球大气时刻包裹着我们，撞击着我们，推动着我们，也维持着我们的生命。大气的有趣之处在于，它不是静止的，它总在不停地流动变化。空气在我们眼里是隐形的，若非如此，我们就会看到大量空气不断升温或是冷却，扩张或是收缩，永不停歇地运动。和气体分子一样，大气的运动也遵循气体定律。就算离开了抹香鲸的肺和蒸汽发动机，空气中的分子仍在一刻不停地彼此推挤。大气在不断运动，根据环境的变化调节自己。人们看不到大气变化的细节，却给大气运动带来的结果起了个名字：天气。

广袤的平原是观察风暴的最佳地点。风暴来临的前一天，天气晴朗，天空蓝得像是永远不会变一样。看不见的空气分子聚集在地面附近，向着高处扩散，它们一刻不停地推挤、碰撞、流动、调整。温度变化促使空气不断地从高压区向低压区分流。不过，这一切进行得缓慢而平和，你很难想象这些分子携带着多么巨大的能量。

风暴来临之日的凌晨和前一天别无二致，但天空更加清澈，所以地面升温的速度也大大加快了。空气分子吸收了部分热量，运动速度越来越快。到了午后，天空中已经形成了一道厚厚的云壁，它不断移动、扩张，直至遮蔽整个地平线。能量在流动。压差推动气体形成的厚墙碾过这片平原。由于这堵巨墙并不稳定，戏剧性的场面出现了。气体分子彼此推挤，但它们没有足够的时间来重新达到平衡。与此同时，大量能量不断流动，情况瞬息万变。被地面加热的空气向上推挤云层，在气墙上方顶起一座座高塔。

雷雨云终于来到了我们头顶，低悬的黑色云层遮蔽了一望无际的湛蓝。头顶不时传来沉闷的雷鸣，我们看不到空气分子，只看到乌云翻涌如潮。云层中的气团彼此冲撞推挤，巨大的压差让这个再调整的过程变得迅猛狂暴。能量在空气分子之间交换，雨滴逐渐形成、变大，第一批硕大的雨滴开始坠落。强风从我们身边呼啸而过，那是空气分子在地面上飞奔。

巨大的雷雨云让我们看到了湛蓝的天空中积聚着多少能量，但这看似极端的现象不过是空气分子的推挤和碰撞在宏观层面上留下的痕迹，分子层面发生的事情比这还要激烈得多。空气分子会从阳光中吸收能量，再释放给海水，从云层的冷凝中吸收能量，再辐射到太空中。无论如何，它们总在按照理想气体定律一刻不停地调整自己。旋转的地球拥有斑斓的色彩和起伏不定的表面，使得这种调整更加复杂，云、微粒和某些气体的存在又带来了额外的变数。天气预报实际上就是追踪头顶天空中的战斗，挑选出对地面上的我们影响最大的结果。不过从本质上说，大象用鼻子喝水、火箭一飞冲天，还有蒸汽推动火车也遵循同样的原理，这些现象都是气体定律在现实中的投影。爆米花和天气之间也有这种隐秘而深刻的关联。

第 2 章

有升必有落

- 重力 -

让葡萄干跳舞

好奇心流淌在我的家族血液中。我的家人总是乐于接触和探索新事物，不厌其烦地尝试新东西。所以，哪怕我在全家聚餐时突然跑进厨房翻出一瓶柠檬汽水和一把葡萄干开始捣鼓，他们也丝毫不会大惊小怪。那是个美丽的夏日，我母亲家的花园里坐着全家人，包括我的妹妹、姨妈、祖母和父母。我找出一瓶 2 升装的廉价柠檬汽水，撕掉标签，然后把那个塑料瓶放到桌子中央。面对我的疯狂之举，他们谁都没有说话，但我知道，大家都在关注我的一举一动。于是我打开瓶盖，往瓶子里加了整整一把葡萄干。柠檬汽水里升起了泡沫，等气泡散尽，我们发现葡萄干在水中舞动。我本来觉得这个小把戏最多能吸引大家一两分钟的注意力，但祖母和父亲却一直盯着它看。塑料瓶仿佛变成了一盏熔岩灯，葡萄干从瓶底浮到水面上，然后又沉下去，周而复始。它们在瓶子里打着旋儿互相碰撞，十分热闹。

一只麻雀飞了过来，它一边啄着桌上的面包屑，一边好奇地看了瓶子一眼。桌子对面的父亲也紧盯着瓶子，眼神里同样充满好奇。"放其他东西进去也行吧？"他问道。

答案是肯定的，而且理由非常充分。瓶盖打开之前，瓶内气压远高于外部气压。就在你拧开瓶盖的瞬间，瓶内气压下降了。柠檬汽水里溶解着大量气体，高压迫使它们停留在水中；但是突然之间，所有气体有了个出口。问题在于，它们需要一条疏散路线。制造新气泡非常困难，所以这些气体分子只能加入已有的气泡。葡萄干来得正合适，它的表面满是 V 形褶皱，这是个有利因素，因为柠檬汽水无法彻底填充缝隙里的空间。沉到水底的葡萄干，每一条皱褶里都藏着气泡的雏形——一小团气体。这就是你需要葡萄干（或者其他密度略大于水的皱巴巴的小东西）的原因。柠檬汽水里的气体涌进这些还未成形的气泡，给葡萄干穿上一层气体组成的救生衣。葡萄干本身的密度比水大，所以重力会拖着它沉到水底；但气泡成形后，葡萄干和这些气泡加在一起的整体密度就变小了，于是它开始上浮。到达水面后，气泡破裂散逸，于是你看到葡萄干沉了下去。葡萄干被气体托出水面，因为失去救生衣而下沉，这样的过程周而复始，直至柠檬汽水里多余的二氧化碳耗尽。

在桌子中央放了半小时以后，瓶子里令人眼花缭乱的现象终于渐渐平息，只是偶尔还有一粒葡萄干无精打采地缓缓沉浮，柠檬汽水也蒙上了一层黯淡的黄色。浮力带来的盛大演出已经谢幕，剩下的一大瓶液体看起来就像泡着死苍蝇的尿样。

试试看吧。如果你能找到一小把葡萄干，那么这套小把戏很适合在在聚会时活跃气氛。关键在于，气泡和葡萄干融合成了一个整体，它们一起运动。裹在葡萄干上的气泡几乎没什么重量，却能大大扩展它们所占的体积。物体的密度等于质量除它占据的空间，所以葡萄干和气泡组成的这个整体，其密度小于葡萄干本身。重力以拉力的形式作用于物体，密度小的东西重力也更小。正因如此，某些物体能浮起来——漂浮只是重力引发的一种分层现象。重力将密度大的液体向下拉扯，如果浸泡在液体内的物体密度相对较小，它就会上浮。所以我们说，比液体密度小的物体会漂浮在液面上。

充满空气的空间可以帮助调节物体的相对密度和漂浮状态。众所周知，"永不沉没"的"泰坦尼克号"就在底舱中设计了巨大的防水隔间，它们的作用类似葡萄干上的气泡：充满空气的隔间为这艘巨轮提供了更多浮力，让它能浮在海面上。结果"泰坦尼克号"撞上了冰山，隔间的密封性遭到破坏，水灌满了底舱，就像葡萄干上的气泡散逸到空气中。和失去了救生衣的葡萄干一样，"泰坦尼克号"只能无奈地沉入深海。[1]

---

1 巧合的是，"泰坦尼克号"沉没的海域海水深度与船长之比（14 倍）差不多等于葡萄干在 2 升装的瓶子里下沉的距离与葡萄干的长度之比（大粒的葡萄干长约 2 厘米，瓶子高约 30 厘米）。"泰坦尼克号"长 269 米，它最后沉到了 3784 米深的海底。

我们见惯了物体的沉浮，却很少会想到物体有重力才有沉浮。这种亘古长存的力量占据着生命的舞台，时时刻刻提醒我们哪边是"下"。重力的作用大得不可思议，它将所有物体固定在地面上，让一切看起来井然有序。与此同时，重力产生的效果也是最直观的。力很奇怪——你看不见它，也很难弄清它的作用。但重力一直在那里，大小不变（至少在地表是这样），方向恒定。如果你想深入了解力，重力是理想的启蒙老师。先了解一下坠落现象吧，这是最好的入门方式，不是吗？

空中坠落和海上摇摆

跳板跳水和高台跳水带来的感觉介于极度的自由和彻底的疯狂之间。离开跳板的瞬间，你完全感觉不到重力的存在。当然，重力并没有消失，但在那一刻，它是作用在你身上的唯一的力，没有任何力与它抗衡。这时，你在旋转中感觉自己就像一个完全不受外力的物体，仿佛飘浮在太空中，你将体会到极度的自由。但世上没有免费的午餐，一两秒后你就会到达水面，麻烦也跟着来了。你有两条路可走：要么用手或者脚开辟一条小小的通道，让身体其余部分能够优雅地滑入水中，最大限度地压制水花；要么张开四肢，任由自己的肚子或者背部迎接冲击，激起巨大的水花。当然，第二种方式会很疼。

二十多岁时我做过几年跳板跳水选手和教练，但我讨厌高台跳水。跳板富有弹性，而且它距离水面的高度只有 1~3 米，感觉有点像蹦床，只是着陆更加平缓。高台却是坚硬的，不同高台距离水面的高度分为 5 米、7.5 米甚至 10 米。我常去训练的那个游泳馆只有 5 米的高台，但我依然想方设法逃避高台跳水。

站在 5 米的高台上，脚下的水面看起来非常遥远。游泳池底总有细碎的泡泡冒上来，所以就算池水纹丝不动，你也能清晰地看到水面的位置。最基础的热身动作是向前正跳——看到这个名字，你不难想象出相应的动作。跳水者站在跳台末端，双臂伸直紧锁在头顶，同时向前弯腰，整个身体呈 L 形，保证上半身与下半身形成直角。现在眼前的高度看起来似乎没那么吓人了，因为弯下腰以后，你的头离水面近了一点。然后，你踮起脚纵身一跃，就在这个瞬间，你自由了。天地间只剩下你和这颗重达 6×10^{24} 千克的星球，重力是你们之间唯一的联系。根据宇宙的法则，这意味着你们正在互相拉扯。

和其他所有力一样，重力会改变你的速度，它会带来加速度。这就是著名的牛顿第二定律[1]：作用于你的合力会改变你的速度。起跳前，你处于静止状态，起跳的瞬间，你动了起来。加速度的有趣之处在于，它衡量的是物体每秒的速度变化。从起跳到下落 1 米，你需要花费相对较长的时间（0.45 秒）。在下一个 1 米，你的下落会花费更少的时间，也正因如此，这个过程中可以用来加速的时间比上一个 1 米短暂。下落 1 米时你的速度是 4.2 米 / 秒，下落 2 米以后，你的速度也只达到了 6.2 米 / 秒。

因此，在跳水的过程中，你要花大部分时间待在最糟的地方：远离水面的高空。举个例子：从 5 米高台跳水的时候，前一半的时间里你只能下降 1.22 米，但接下来就很快了，整个 5 米的下落过程在 1 秒内就能完成，最终你的速度将达到 9.9 米 / 秒。你伸展身体扎向水面，期待着没有水花的完美入水。

比赛前夕，无论来到哪个游泳池，队里的其他人都会争先恐后地抢占更高的跳台，我却不会。我觉得在空中停留的时间越长，出错的可能性就越大。但这个想法其实不太站得住脚，因为你的运动速度太快，额外的距

---

1 通常写作：力 = 质量 × 加速度，即 $F=ma$。

离根本不会增加多少速度。举例来说，下降5米需要1秒，下降10米只需1.4秒，虽然你的运动距离变成了原来的2倍，但速度却只会增加40%。我很清楚这一点。但在4年的跳水生涯中，我从没跳过超过5米的高度。我不恐高，只是害怕最后的冲击。重力加速的时间越长，最后减速的过程就越让人不适。如果你也有不小心摔坏手机的经历，你肯定明白让重力做主有时候不是什么好事。坠落的距离越长，物体获得的加速度也越大，不过事情也有例外。

在地球上，重力的作用是有限制的。因为作用于你的力不止重力一种，最终的加速度取决于所有力的合力。速度变快了，你需要在单位时间内推开的空气也会变多，这些空气会阻挡你前进，部分抵消重力的加速效果，因为它的方向与重力完全相反。到了某个时刻，重力与阻力相平衡，你的运动速度就会定下来不再变快。以树叶、气球和降落伞为例，这些东西的重力很微弱，相比之下，作用于它们的空气阻力相当可观，所以这些物体在下落速度相对较小的时候就会达到受力平衡。如果是人的话，想在地面附近让重力与空气阻力相平衡，你的速度很可能要高达190千米/小时才行。悲伤的是，坠落的人在低速下受到的空气阻力相当微弱，直到现在，这样的力量也无法让我安心地跳下10米的高台。

●

我主要研究海面附近的物理学现象。我是实验物理学家，测量海天之间这片美丽而混乱的空间中发生的事情，这是我工作的一部分。我经常需要在科考船上工作好几个星期，在海面上漂浮的科考船就像一座功能齐全的移动科学村。在船上生活的问题在于，这里的重力环境和你以前习惯的大相径庭。"下"变成了一个不确定的概念。有时候物体坠落的方向和速度与陆地上相同，有时候却完全不一样。要是桌子上的东西没有固定，你就总有些提心吊胆，因为谁也无法确定它会一直停留在原处。海上生活充斥着橡皮筋、线、绳子、黏性防滑垫和上锁的抽屉。变幻莫测的力随时可能把各种物品甩向四面八方，就像喜欢恶作剧的科学幽灵；在这种情况下，你需要这些小玩意儿帮助维持生活的秩序。

我研究的是风暴中破碎的海浪产生的气泡，所以我经常在恶劣的天气下出海几个月。实际上我喜欢出海，因为我很快适应了海上的生活。这样的经历也让我深刻地认识到，我们平时对重力有多么熟视无睹。

在某艘南极科考船上，乘务长怀着近乎偏执的热情每周让我们做三次循环训练。我们聚集在大船中央一个空旷的铁壁船舱里，乖乖地跟着指挥蹦蹦跳跳，每次持续 1 小时。这可能是我做过的最锻炼人的循环训练，因为永远不知道下一秒哪里会冒出一个力需要去克服。你可能觉得前几个仰卧起坐轻松得不像话，那是因为船身正在向下倾斜，这有效地抵消了重力。船驶到浪谷的时候，你简直感觉飘飘欲仙。然而就在下一个瞬间，重力陡然增加了50%，你觉得自己像是被橡皮筋紧紧地捆在了地面上，你必须调动肚子上的所有肌肉才能勉强把身体拉起来。几个仰卧起坐以后，重力又会再次消失。需要跳跃的运动感觉更糟，因为你永远不知道哪边才是地板。训练终于结束了，可是在洗澡的时候，你还得在小隔间里追逐花洒喷出的水流，因为船身在摇晃，你根本不知道它下一秒会喷向哪里。

当然，重力是无辜的。它一视同仁地作用于船上的所有东西，将每一个物体拉往地心的方向。但你总是在需要对抗重力加速度的时候感受到重力的作用。海上科考船这个铁盒子被大自然玩弄于股掌之中。在这里生活，你周围的一切都在加速，你的身体也无从分辨罪魁祸首到底是重力加速度还是其他力带来的加速度。所以，无论这些力来自哪里，所有力抵消或是汇合之后的结果，才是你感觉到的重力。同样，在电梯刚刚启动和即将停止的时候——

在电梯加速和减速的过程中——你也会产生一种奇怪的感觉。身体无法分辨电梯带来的加速度和重力造成的加速度，所以你会感觉重力对你的作用在变化。在那短短的几分之一秒内，你体验到了生活在另一颗重力不同的星球上是什么感觉。[1]

幸运的是，大部分时间我们不用为这些复杂的事情操心。在日常生活中，重力恒定不变，永远指向地心。所有物体都会向"下"坠落，就连植物都知道这个。

我的母亲是一位勤劳的园丁，所以我在成长过程中，有很多机会参与播种和锄草，我还会翻肥堆，会对着恶心的鼻涕虫不由自主地皱起鼻子。我还记得，种子萌芽让幼时的我惊叹不已，因为它们能把上和下分得清清楚楚。种荚在黑暗的泥土中悄然张开，根须向下伸展，初生的幼芽努力向上冒出头来。只要拔出一棵刚刚发芽的幼苗，你就能清晰地看到，它毫不犹豫地朝这两个方向生长，不需丝毫探索。根笔直向下，芽挺拔向上。种子怎么知道方向呢？长大一点以后，我找到了答案。真相其实很简单，种子里有一种特殊的平衡细胞，这就像植物版的微缩雪景球。每个平衡细胞里都有一些特殊的淀粉颗粒，这些颗粒的密度大于细胞内的其他物质，所以它们总会沉到细胞底部。蛋白质的网络能够感知这些颗粒的位置，所以种子和幼苗知道哪边是上。下次播种的时候，你可以把种子翻来倒去，想象一下你的动作将如何影响种子里的雪景球；不必在乎种子撒下去的角度，它们会自己解决这个问题。

重力是一种非常有用的工具。铅垂线和水准仪廉价而精准。我们都知道哪边是"下"，但是，既然所有物体之间都有引力，那远处的山岂不是也在

---

1 你是否好奇过广义相对论讲的到底是什么？其实我们现在描述的就是这套理论的核心。如果你待在一个封闭的电梯里，无论是站在原地、玩接球游戏还是做仰卧起坐，你都无法分辨自己受到的力哪些来自重力，哪些来自电梯的加速度。爱因斯坦意识到，如果从这个角度来理解物质对太空的影响，那么你会发现所有力都一样，因为从本质上说，它们完全相同。

拉扯我？为什么地心引力这么独特？

我热爱海滨，原因有很多（浪花、泡沫、日落、海边的轻风），但其中最重要的是，辽阔的大海可以带来弥足珍贵的自由感。在加州工作的时候，我跟别人合住在一栋小房子里，离海滩近得能听到夜晚的涛声。后院有一棵橘子树，我可以坐在门廊下，静观熙来攘往的人群。忙碌的一天结束后，我可以走到公路尽头，坐在光滑而沧桑的石头上遥望太平洋，这真是再奢侈不过的享受。

幼时的我也曾在英国的海边玩耍，但那时候我总忙着寻找鱼儿和鸟，或是惊叹于海浪的壮观。但在圣迭戈看海的时候，我想到的是我们这颗星球。太平洋如此广阔，它在赤道上的跨度足足占据了整个地球周长的 1/3。望着远方的日落，我想着脚下这个巨大的岩石球，阿拉斯加和北极在我右侧的远方，脚下的安第斯山脉向左一路延伸到南极洲。我险些迷失在头脑中的画卷里，在那个瞬间，我仿佛一念千里，亲身来到了那些地方。它们都在吸引我，我也在吸引它们。每一个质点都在吸引其他质点，万有引力其实是一种很小的力，就连孩子都能轻松对抗整颗行星产生的引力。但无论如何，这些弱小的吸引力依然存在。我们体验到的重力由无数微弱的力汇集而成。

1687 年，伟大的科学家艾萨克·牛顿在《自然哲学的数学原理》（*Philosophiae Naturalis Principia Mathematica*）中首次提出了万有引力定律。这条定律指出，两个物体之间的引力与距离的平方成反比。根据这一点，牛顿证明了如果将一颗行星产生的所有引力汇总到一起，许多侧向力会相互抵消，最后只留下一个向下的力，它指向行星正中央，与行星质量及被拉扯物体的质量成正比。如果一座山和你的距离拉长至原来的 2 倍，那它对你的引力就会变成原来的 1/4。所以物体离你越远，对你的影响就越小，尽管影响依然存在。我坐在海滨看落日时，阿拉斯加向我施加了一个向北的引力，与此同时，安第斯山向我施加了一个向南的引力。但这两股力相互抵消，剩下的就是向下的重力。

所以，此时此刻，尽管每一个人都会同时受到喜马拉雅山、悉尼歌剧院、地核和无数海螺的引力，但我们无须深究所有细节，化繁为简就是最便捷的工具。要计算地球对我的引力，我只需要知道地心和我的距离以及整颗行星的质量。牛顿这一理论的美妙之处在于，它简洁、明确、有效。

不过，力的确很奇怪。牛顿对引力的解释固然相当巧妙，却有一个极大的缺陷：他没有揭示引力背后的机制。地球的引力让苹果落地[1]——这样的断言简单而直接，但引力从何而来？难道有我们看不见的绳子或者精灵？直到爱因斯坦提出广义相对论，这个问题才有了比较令人满意的答案，但在此之前的 230 年里，牛顿的引力模型得到了广泛的接受，而且一直应用至今，因为它的确非常有效。

厨房秤、伦敦塔桥和霸王龙

你看不到力，但几乎每个厨房里都有测量力的设备。烹饪（尤其是烘焙）需要一件必不可少的工具，但所有光鲜亮丽的食谱都不会提到它。你之所以需要这件工具，是因为食材的量很重要，你必须准确称量原材料。而要实现这一点，你需要一个行星那么大的（随便什么）物体。对于喜欢葡萄干馅饼、果酱夹层蛋糕和巧克力奶油蛋糕的人来说，幸运的是我们正好就站在这些个体上。

我有一本手写的食谱，里面记录着我从 8 岁开始搜集的配方。我喜欢翻到最前面回顾过往。胡萝卜蛋糕就能让我回忆童年。那一页潦草的字迹已经

---

1 是的，我知道那个故事是假的，但理论是真的！

沾满了多年积累的污渍，上面写的第一步是称 200 克面粉。烘焙师的办法其实很聪明，只是我们早已习以为常。他们把面粉放进碗里，然后直接测量地球对它的引力，厨房秤就是用来干这个的。我们把厨房秤放在庞大的地球与小小的碗之间，测量秤受到的挤压力。物体与地球之间的引力与二者的质量积成正比，既然地球质量恒定，那么碗里的面粉质量就成了影响引力的唯一变量。厨房秤测得的重量实质上是面粉与地球之间的引力，这个值等于面粉质量乘以重力加速度，重力加速度是恒定的，所以，只要测得重量（引力），就能根据已知的重力加速度算出碗里面粉的质量。下一步我们需要 100 克黄油。于是你换一个新碗搁在厨房秤上，往里放黄油，直到厨房秤承受的挤压力达到刚才的一半。这种简单实用的技术可以帮助你测量物体的质量，它适用于这颗行星上的所有物体。物体质量越大，重量就越大，因为地球会对它产生更大的引力。太空中所有物体都会失去重量，因为那里的引力太弱，产生的效果也不够明显，除非你靠近某颗星。

厨房秤为我们上了重要的一课：引力造就了地球和太阳系，而且在人类文明中无处不在，但它其实非常弱小。地球的质量是 6×10^{24} 千克（6×10^{21} 吨），但它对那碗面粉的引力还敌不过一根小小的橡皮筋。当然，要是没有引力，所有生命都将不复存在，但厨房秤带来的启示为我们开启了新的视角。每当你拿起一件东西的时候，请记住，你正在对抗一整颗行星的引力。太阳系之所以有这么大，就是因为引力很微弱。不过，与其他基本力相比，引力也有一个明显的优势，那就是它的作用距离。引力的确十分微弱，你离地球越远，地球对你的引力就越弱，但它却能跨越广袤的太空，拉扯其他行星、恒星和星系。每个引力都很弱小，但宇宙的结构正是由这些渺小的力构建起来的。

话说回来，哪怕只是从桌上端起做好的胡萝卜蛋糕也需要费点力气。蛋糕放在桌子上的时候，桌面提供的向上的力正好抵消了蛋糕与地球之间的引力。要把它端起来，你花费的力气必须比桌面的支撑力大，这样才能打破平衡，让蛋糕向上运动。在我们生活中起作用的不是某一个单独的力，而是它们抵消和汇总后的合力。这样一来，事情就简单多了。多大的力都可以通过反向的力来抵消。要深入思考这个问题，最简单的办法是先观察固体的受力情况，因为固体在受力时不会变形。伦敦塔桥就是一个固体。

重力也有很烦人的时候，如果你想让物体停留在空中，那就得设法对抗它。要是做不到的话，东西自然就会掉到地上，就像水总是天经地义地流向低处。不过对固体来说，情况有所不同。我们可以用支点有效地抵消重力，撬起重得不可思议的物体，就像在玩跷跷板一样。跷跷板的另一半通常被巧妙地隐藏了起来，伦敦塔桥那两座美丽的高塔就是这方面的典范。两座人工岛将泰晤士河的宽度等分成三份，两座高塔矗立在岛上，守卫着伦敦的入海口，托起贯通城市南北的公路。

塔桥的人行道上总是挤满了手持相机的游客，伦敦出租车、纪念品商人、咖啡摊、遛狗的人和来来往往的巴士组成了这幅画卷的背景。在混乱的人群中穿梭，我们亦步亦趋地跟在导游身后，就像一群听话的小鸭子。导游打开塔基的一道铁门，领着我们绕过墙角，石砌的棚子映入眼帘，看起来就像精致的花园凉亭。周围突然安静下来。你几乎能听见人们如释重负的叹息，我们这些游客终于熬过了严酷的考验，得到了最后的奖赏，看到了黄铜刻度盘、巨型控制杆，还有粗笨的阀门。这都是维多利亚时代留下的坚固工程。塔桥以童话城堡般的美丽精致闻名于世，但现在我们看到的才是它的本质：这头优雅而强壮的野兽拥有一颗庞大的钢铁之心。

早在两千年前，伦敦就已经是一座港口了。河上之城的美妙之处在于，它有两道可供人休憩的河岸，这不仅仅是一小段海岸线。泰晤士河无疑是一条至关重要的水上高速公路，可对徒步行走的人和陆上交通工具来说，它又成了一道天堑。曾有不少桥梁跨越这条河流，随后又消失在历史的尘埃中。

19 世纪 70 年代，这座城市迫切需要一座新的桥梁，但问题在于，泰晤士河里常有高高的大船经过，如何在不妨碍船只通行的情况下帮助马匹和车辆横跨河道？最后，人们想出了塔桥这个巧妙的解决方案。

这座小小的石头棚子坐落在一道螺旋楼梯顶端，楼梯另一头旋转向下，连接着塔基旁几个大得不可思议的砖砌洞穴。这些巨洞看起来像是通往纳尼亚大陆[1]的衣橱，但这里的"纳尼亚"不是奇幻世界，而是工程学的王国。第一个洞里安装着古老原始的液压泵，第二个洞比第一个大得多，一头木制怪兽占据了洞穴的大部分空间：那是一个两层楼高的巨桶，可以用来临时储存能量，很像电池。不过，第三个洞才是最大的，这里装着整座塔桥的配重。

两座高塔之间的桥身分成独立的两半。每年大约有 1000 次，有大船航行到塔桥附近时，桥面上的交通暂时停止。桥身的两半分别向上抬起，与此同时，隐藏在塔基下黑暗洞穴中的配重开始下降，它就是跷跷板的另一头。我抬头仰望巨大的配重块，不禁问道："我们头顶这些东西到底有多重？"导游格伦高兴地回答："噢，这里大约有 460 吨铅锭和少量生铁，它们总在摆动。塔桥升起的时候，你能听到它们发出吱扭声。如果改动了桥面上的建筑，那么配重也要重新调整，这样才能保证塔桥的完美平衡。"显然，世界上最大的沙包正悬挂在我们头顶正上方。

这套方案的关键在于平衡。这一整套机械装置的作用不是硬生生抬起塔桥，而是让它倾斜一点点，支点两侧受力完全平衡。这意味着我们只需要一点点能量就能让它动起来——只要能克服轴承的摩擦力就行。在这套系统中，重力被抵消了，因为跷跷板两头承受的下拉力完全相等。我们无法打败重力，但可以让它自己打败自己。正如维多利亚时代人们已经认识到的，造一个巨

---

1 《纳尼亚传奇》七部曲中的神奇大陆，通过一所乡下大宅的衣橱与现实世界相连。该系列作品由已故英国作家 C.S. 刘易斯于 20 世纪 50 年代创作，为英国儿童文学经典之一。——译者

大的跷跷板就行。

游览结束后，我沿着河岸走了一小段路，然后回望这座大桥。现在塔桥在我眼中完全变了模样，我喜欢这种新奇的角度。维多利亚时代的人们没有唾手可得的电力和掌控全局的计算机，也没有塑料和钢筋水泥这样的新材料，但他们却能用最简单的物理原理完成这样宏伟的工程。塔桥的简洁深深触动了我。它之所以如此精确，是因为背后的原理非常简单；也正是这个原因，120年后的今天，这座大桥仍在正常运转，几乎没有任何变化。哥特复兴式（或者说宛如童话城堡般）的建筑风格只是一层包装，塔桥的本质其实是一座巨大的跷跷板。要是有人能重修一座塔桥，我希望它是透明的，让所有人都能看到它的巧妙之处。

用跷跷板的思路解决重力问题的例子还有很多。请想象一个4米高的支点，支点两头各有一块6米长的板子，它们共同组成了平衡的跷跷板。我说的不是大桥，而是霸王龙，它是白垩纪最负盛名的食肉动物。两条粗壮的腿支撑着霸王龙的身体，髋部就是它的支点。霸王龙之所以不会摔个嘴啃泥，是因为它长着恐怖牙齿的沉重头颅与肌肉发达的长尾巴达到了平衡。不过，作为一座行走的跷跷板，霸王龙生活得并不轻松。再一往无前的霸王龙也难免偶尔想转个方向，但这个看似简单的动作对它们来说却很困难。人们估计，霸王龙需要花费一两秒的时间才能转身45度；《侏罗纪公园》里的霸王龙既聪明又敏捷，但在现实世界里，霸王龙不可能那么灵活。庞大强壮的恐龙为什么会有这样的弱点？这都多亏了物理学。

冰上旋转的舞者姿态优雅，充满美感，让人不由得惊叹于人体的无穷潜力。不过，要是跟物理学家一起待得太久，你会不由自主地想到，花样滑冰运动员最大的贡献或许在于，人们可以直观地看到，他们双臂展开时的旋转速度远小于双臂收起的时候。这个例子十分实在，因为冰几乎没有摩擦力，按理来说，在冰上旋转的人，他旋转的"量"是恒定的。真正有趣的地方在于，运动员不用获得外力，他们调整姿态就能改变自己的速度。我们发现，物体离转轴越远，它旋转一圈所运动的距离就越长，于是这一圈就会从总"转量"[1]中消耗较多的一部分。如果你伸开双臂，那么它们离转轴的距离就会变远，为了达到新的平衡，身体转动的速度会相应变慢。这就是让霸王龙苦恼的问题。霸王龙的双腿产生的转向的劲儿（力矩）就是这么多，巨大的头颅和沉重的尾巴又距离转轴太远，就像运动员伸开的双臂一样，所以它只能慢慢转身。要是某只敏捷的哺乳动物（比如我们的祖先）能想明白这一点，那它的生活就会变得安全得多。

这也解释了我们在快要跌倒的时候为什么会本能地张开双臂。如果我从站立姿势开始向右摔倒，那么实际上，我是在绕着自己的脚踝旋转。要是我能在摔倒之前张开胳膊或者双臂上举，就能抵消一部分外力，赢得更多时间，让我有机会调整姿态，重新站稳。所以平衡木上的体操运动员总是水平展开双臂。这个动作能增大她们的转动惯量，让她们有更多时间调整姿态，避免坠落。除此以外，你还可以上下挥舞双臂，这同样有助于保持平衡。

1876 年，玛丽亚·斯佩特里娜（Maria Spelterina）成为第一个以走钢索的方式跨越尼亚加拉大瀑布的女性。一张照片记录下了她走在钢索中间的一幕，玛丽亚镇定地保持着平衡，脚下还挂着装桃子的果篮，这是为了更有看点。不过，照片里最醒目的还得数玛丽亚手中那根水平的长杆，它是辅助平衡的最佳工具。人的手臂伸展的距离有限，玛丽亚能够精确地控制身体的平衡，平衡杆的功用不可忽视，它可以替代手臂发挥作用。[2] 就算身体失去平衡，变化也会来得很慢，因为平衡杆两端之间的漫长距离削弱了力矩的作用效果。人们担心玛丽亚会摔向一边，但手中的长杆阻碍了她的身体从左向右的转动。霸王龙遇到的也是这种情

---

1 如果你喜欢更严谨的说法，那么你可以称其为"角动量"。
2 后来玛丽亚还曾铐上手脚，蒙上眼睛，走钢索跨越瀑布。

况。玛丽亚没有掉到脚下 50 米外的瀑布里香消玉殒，7000 万年前的霸王龙无法迅速转向，这两件事看似风马牛不相及，但背后的物理学原理却完全相同。

重力对固体产生拉力，这个概念听起来相当熟悉，这主要是因为我们自己也会受到重力的拉扯。不过，世界上除了固体以外还有流动的液体。在外力作用下，水像空气一样，也在一刻不停地流动变化。我们能看到树叶坠落、大桥升起，却不常看到液体的流动，我时常觉得这是一大遗憾。液体同样会受到各种力的作用，但它们不用保持固定的形状，所以流体力学的世界十分美妙。液体自由自在地流淌、旋转、漫延，超乎想象，无处不在。

鱼会打嗝吗？

气泡的可爱之处正在于它们无处不在。我觉得气泡是物理世界的无名英雄，它默默出现在水壶、蛋糕、生物反应堆和浴缸里，低调地完成各种任务，又在大功告成后悄然消失。气泡是我们再熟悉不过的东西，所以我们常常意识不到它的存在。几年前我曾问几组 5~8 岁的孩子："你们觉得哪些地方可能有气泡出现？"快乐的孩子们给出的答案包括汽水、浴缸和水族箱。可是当我问到最后一组的时候，也许是因为孩子们累了，无论我怎么和颜悦色地鼓励，他们还是不肯说话，只是茫然地瞪着我。休息了很长时间，反复地启发多次以后，终于有个普普通通的 6 岁孩子举起了手。"那么，"我赶紧换上轻快的语气，"你能在哪里找到气泡呢？"男孩用一种"这还用说吗"的目光瞥了我一眼，然后大声宣布："芝士……还有鼻涕。"我无法反驳他，虽然我以前从没想到过这两样东西。显而易见，这孩子吹鼻涕泡泡的次数应该比我多得多。不过至少对某种动物来说，冒泡的鼻涕决定了它特殊的生活方式——现在，来认识一下紫螺（janthina janthina）吧。

这种紫色的海螺通常生活在海床和海底的岩石上。如果你把紫螺从它栖息的岩石上抠下来，再把它托到稍微高一点的水中并松开手，它就会下沉。古希腊数学家阿基米德（就是那位以"我知道了！"闻名于世的数学家）首次总结出了物体在什么情况下会上浮，在什么情况下会下沉。或许阿基米德只想研究船只，但实际上，浮力定律同样适用于海螺、鲸，以及浸在液体中的任何物体。

阿基米德指出，浸没在液体中的物体与被它排开的液体之间存在明显的竞争关系。海螺和周围的水都受到向下的地心引力，水是一种液体，所以物体可以在水中轻松地运动。作用于某件物体的重力与物体质量成正比。如果海螺的质量增加 1 倍，那么它受到的重力也会增加 1 倍。物体周围的水也受向下的重力作用，那么，如果水受到的力相对较大，海螺就只能上浮，好让更多的水流动到海螺下方。根据阿基米德定律，这只倒霉的软体动物受到的向上的推力（浮力）等于被它排开的水受到的向下的重力。实际上，这意味着如果海螺质量大于被它排开的水的质量，那么它将赢得这场重力之战，并且沉入水底；而要是海螺的质量更小（它的密度小于水），那么胜利者就变成了水，水向下流动，螺壳向上浮起。大部分海螺的密度大于海水，所以它们总会沉下去。

大部分海螺都无法逃脱下沉的命运，但在历史上的某一天，某只"普通"海螺遇到了一件倒霉事：一个气泡钻进了它的卵鞘。浮力的特殊之处在于，从本质上说，对特定液体而言，唯一影响浮力的因素是物体的整体密度。要改变物体的浮力，你不必改变它的质量，只要改变它占据的空间就行——气泡就可以占据很多空间。某一天，一个比较大的气泡钻进了海螺的卵鞘，已有的平衡被打破，这只海螺破天荒地在水中晃晃悠悠地浮了起来，漂向头顶的阳光。通往海面的大门轰然打开，那里的食物更加丰富……但海螺必须漂到海面上才能享受这些资源，演化之路就此开启。

今天，这些"漂浮螺"的后裔紫螺已经成了全世界温暖海域中的常见生物。这些颜色鲜艳的海螺会分泌黏液（和花园石板上常见的黏液是同一种东西），再用肌肉发达的斧足搅拌黏液，裹入大气中的空气。它们会建造出比自己的身体还大的气泡筏，以此确保自身的总密度始终小于海水密度。所以紫螺总是倒悬着浮在海面上（泡泡筏在上，螺壳在下），捕食过往的水母。如果你在海滩上看到了紫螺壳，那很可能就是它们的遗物。

浮力可以帮助我们快速分辨某个封闭物体内部有什么东西。如果两罐汽水外表看起来完全相同，但其中一罐是无糖的，另一罐加了很多糖，那么你会看到，无糖汽水在淡水中能浮起来，另一罐则会沉下去。两个汽水罐的体积一模一样，不一样的是罐子里的东西。要知道，糖的密度很大。一罐330毫升的汽水通常含有35~50克糖，额外的质量拉高了汽水罐的平均密度，让它在重力之战中击败了淡水，所以罐子才会沉下去。无糖汽水添加的甜味剂质量极小，罐子里几乎全都是水和空气，所以它会浮起来。

生鸡蛋的例子可能更实用一点。鲜鸡蛋的密度大于水，所以在冷水中，它会平躺着沉到水底；但是在冰箱里放了几天以后，鸡蛋会慢慢失水，蛋壳里的水分悄悄流失，空气分子渗入鸡蛋大头内的气囊。放了一周左右的鸡蛋在水中也会沉底，但会立起来，蛋壳较小的那头朝下，大头内多余的空气离水面更近。如果鸡蛋整个浮了起来，那说明它实在放得太久——早餐还是换些别的吃吧！

当然，要是能控制随身携带的气体量和这些气体占据的空间，那么你就能随心所欲地选择是上浮还是下沉。

刚开始研究气泡的时候，我曾读过一篇1962年的论文，作者一本正经地宣称："气泡不仅仅来自破碎的波浪，还有腐败的物质、鱼打的嗝和海床里的甲烷。"鱼打的嗝？显而易见，作者屁股下面的皮革大扶手椅应该相当舒适，所以他才会说出这种昏话；这把椅子大概位于伦敦某家俱乐部深处，相比大海，这里离醒酒器更近。当时的我觉得这种说法荒谬得可笑，直到三年后，我在库拉索岛的水下与一条巨大的海鲢（长约 1.5 米）擦肩而过，就在那个瞬间，我清晰地感觉到了它从鳃里喷出的气体。事实上，很多硬骨鱼体内都有辅助控制浮力的气囊（鱼鳔）。如果你能让自己的密度正好等于周围液体的密度，那么你就可以悬浮在原地。海鲢的鳔固然有些特殊（能像海鲢这样直接呼吸空气的鱼类十分罕见，它可以利用自己的鳃过滤氧气），但我不得不承认，鱼的确会打嗝。尽管如此，我依然认为，鱼打嗝对海洋中气泡的形成没有显著影响。[1]

　　重力作用在不同的物体上会造成不同的结果。塔桥是固体，所以重力只能改变桥的位置，却无法影响它的形状。海螺也是固体，它在海水中运动，周围的海水会随之流动，重新调整达到平衡。气体也会流动，所以液体和气体都被称为流体。在重力的作用下，固体也会在气体中运动：充满氦气的派对气球会飘起来，齐柏林飞艇能浮上天空。其实它们和粘在气泡筏上的紫螺一样。如果要与周围的流体比赛谁的重力大，它们全都会输。

　　不变的重力可能带来不稳定因素，这通常意味着各种力和物体需要重新调整，直至恢复平衡。不稳定的固体会滑落或者跌落，它周围的液体或气体也会发生相应的流动，为固体的运动腾出空间。但是，如果变得不稳定的不是气球这样的独立固体，而是流体本身，那又会怎样？

---

1 鱼鳔带来了巨大的演化优势。与没有鱼鳔的水生动物相比，长着鱼鳔的鱼类停留在同样深度上需要耗费的能量更少。不过近年来，鱼鳔却又成了演化上的劣势，因为它们很容易被人类的声学设备探测出来。当今世界过度捕捞现象泛滥，"寻鱼器"就是人们使用的一种主要工具。这种声学设备可以探测气泡，再根据气泡找到鱼群。鱼群可能被一网打尽，这仅仅是因为气泡出卖了鱼的行踪。

蜡烛和钻石

划一根火柴点燃烛芯，跳动的火焰仿佛一道明亮的喷泉，滚烫的气体开始升腾。千百年来，温暖的烛火照亮了无数抄写员、阴谋家、学童和情人。蜡是一种柔软的燃料，它几乎可以完成所有令人惊喜的变形。跳动的黄色烛焰看似温馨，实际上却蕴含着狂暴的力量，足以撕裂分子、锻造钻石。而且，每一朵烛焰都会受到重力的影响。

就在你点燃烛芯的瞬间，火柴的热量同时熔化了烛芯内部和周围的蜡，让它们变成液体。石蜡是一种碳氢化合物，这种长链分子的骨架由几十个碳原子组成。热量会赋予这些分子能量，让它们像蛇一样彼此缠绕并且蜿蜒游动（看到液态石蜡分子你就懂了）。有的分子得到的能量甚至足够让它们彻底挣脱烛芯的束缚，变成一股灼热的气态燃料。这些分子的温度非常高，所以它们能够以很少的数量推开大量空气，占据可观的空间。这些分子的结构没变，它们受到的重力也和原来一样；但现在，它们占据了更多的空间，那么单位体积内的分子受到的重力也随之下降。

就像海里裹着泡沫的紫螺一样，这些灼热的气体必然会上升，因为周围凉爽致密的空气总会试图溜到它们下面。热空气顺着看不见的"烟囱"上升，一路上与氧气混合。你还没来得及把火柴从蜡烛边上挪开，这些燃料就已经开始在氧气中燃烧分解，于是上升的气体变得更烫，其温度能够达到惊人的1400℃。热空气上升的速度不断加快，你亲手引爆的"喷泉"变得更加绚烂。烛焰不断从下方得到新的燃料，因为烛芯实际上是一根细长的绵条，它会吸取被烛焰熔化的石蜡分子。

在蜡烛燃烧时，最下端的焰火是蓝色的，不会用来照明。长链分子在高温下断裂，但由于得不到足够的氧气，有一部分碎片无法充分燃烧。这些碎片成为滚烫的烟，随着气流上升，我们熟悉的暖色烛光就是它们在1000℃

的高温中燃烧发出的。烛光只是高热的副产品，炉火中的热炭发光与之相似，只是规模更大。人们发现，烛焰的光热旋涡不但可以产生石墨组成的烟（就是我们看到的黑烟），有时候碳原子还会聚集起来，形成少量更独特的结构，比如巴克球[1]、碳纳米管[2]和钻石微粒。根据估算，一朵烛焰平均每秒能制造出 150 万颗纳米钻石。

蜡烛的例子完美展现了流体如何在重力作用下调整自身。凉爽的空气向下涌动，托起熊熊燃烧的燃料，形成持续不断的对流。要是你吹灭了蜡烛，那么在接下来的几秒内，气态的燃料柱仍会向上蒸腾。这时候，如果你捏着一根火柴从上方向下移动，这根"燃料柱"就会被重新点燃，你将看到火焰凭空跳到烛芯上。[3]

只要流体从下方受热，就会产生这样的对流，帮助能量流动、扩散。这是鱼缸加热器、地热设施和炉子上的炖锅有效工作的关键。要是没有重力，这些设备就没法正常使用了。我们常说"热气上升"，这个说法其实不太准确，更确切地说，应该是"较冷的流体赢得了重力之战，所以它向下沉降"。但如果你非要纠正大家的说法不可，那也没有谁会感谢你。

浮力不光会影响热气球、海螺和浪漫的烛光晚餐。广袤的海洋是我们这颗星球的发动机，和其他所有东西一样，大海也会受到重力的影响。深海并不平静，数百年不曾见过阳光的海水在深处流淌、涌动，缓慢而坚定地向着光明前进。不过，将目光投向深海之前，我们不妨先抬头看看。下次在晴朗的高空中看到飞速移动的小点时，请记住，客机的巡航高度大约是 10 千米。

---

1 俗称碳 -60，碳原子组成的一种天然分子，其分子结构类似于美国建筑师富勒设计的某种圆顶，因而得名，也被称为富勒烯。——译者

2 碳纳米管又称巴基管，属富勒碳系，它是由单层或多层石墨片卷曲而成的无缝纳米级管。——译者

3 迈克尔·法拉第（Michael Faraday，1791—1867）是 19 世纪著名的实验家，他发明了许多实用的科学设备。1826 年，法拉第在伦敦皇家研究院资助开设了一系列面向儿童的讲座，这项科普活动一直流传至今，这就是皇家研究院圣诞讲座。法拉第自己的科普课程由 6 次演讲组成，题为"一支蜡烛的化学史"。他在演讲中讨论了蜡烛的科学原理，并由此引出诸多重要而实用的科学定律。我敢打赌，要是法拉第知道烛焰里有纳米钻石，他铁定会大吃一惊，说不定还会大发感慨，看似简单的蜡烛竟藏着如许惊喜。

想象一下：你正站在海床最深处的马里亚纳海沟沟底，[1] 那么此时此刻，你到海面的距离差不多正好等于飞机到地面的距离。全球海洋的平均深度是 4 千米，不到客机巡航高度的一半。海水覆盖了 70% 的地表面积，所以地球的总储水量的确相当可观。

幽暗的深海中隐藏着我们熟悉的模式。让葡萄干在柠檬汽水中舞蹈的机制同样驱使着广袤的大洋绕着这颗星球缓慢运动。当然，这两种运动的规模差距悬殊，而且海洋运动的结果更加重要，但它们背后的原理的确一模一样。我们这颗蓝色星球的蓝色海洋是动态的。

可是，大海为什么会动？

按理说，海洋有数百万年时间调整自己，适应环境，那么它为什么没有达到稳定的平衡状态？搅动大海的关键有两个：热量和盐度。热量和盐度之所以重要，是因为它们会影响海水的密度。在重力作用下，不同区域密度不同的流体自然会流动和调整。我们都知道，海水是咸的，但只要仔细一想，我总会被大海的含盐量给吓一跳。你不妨看看家里的浴缸，要把一浴缸的水变得像海水一样咸，那么你大约需要加入 10 千克盐，差不多能装满一个大桶。换句话说，一浴缸的海水里就有整整一桶盐！而且大海的盐度并不均匀——海水含盐量为 3.1%~3.8%，这个范围看似很小，却很重要。含糖汽水的密度比无糖的大，含盐量高的海水也比淡水密度大。水的密度还会随着温度的降低而增大，海水的温度范围为极地附近的 0℃到赤道附近的 30℃。含盐量较高、温度较低的水会下沉，而含盐量低、温度高的水总会上升。这个简单的原理推动着全球的海水不停运动。大海里的一滴水可能要花费数千年时间才能完成环球之旅，回到自己的出发点。

---

1 挑战者深渊（Challenger Deep）位于马里亚纳海沟最深处，它的深度是 10994 米。

北大西洋的风还会吹走热量，所以这里的海水温度更低。[1] 刚刚在海面上凝结的时候，海冰的主要成分是水，盐被排除在冰层之外。这样的凝结过程让海水更冷、盐度更高、密度更大。在重力作用下，冷却的海水开始下沉，同时将密度较小的水向上推挤。冰冷的高盐度水在海床上蜿蜒流动，被海底的山谷和山脊限制和阻碍，就像地面上的河流一样。这些海水从北大西洋出发，以每秒几厘米的速度沿着海底向南流动。1000 年后，它们终于遇到了第一个真正的大障碍：南极洲。无法继续向南的海水转而向东流动，进入南大洋。这片海域是地球上所有水系的枢纽。海水围绕着白雪皑皑的南极洲，与大西洋、印度洋和太平洋的最南端融为一体。从北极出发的缓慢水流沿着南极洲的海岸运动，最终会再次掉头向北，进入印度洋或太平洋。在这个过程中，它与周围的海水不断融合，密度一路降低，离海面也越来越近。在黑暗的深海中流淌了大约 1600 年后，这股水流终于又见到了阳光。雨水、入海的河流以及融化的冰不断稀释海水中的盐，海风推着洋流踏上回归北大西洋的旅途。回到起点后，这些水或许又将开始下一个循环。这个过程叫作"温盐环流"："温"代表温度，"盐"指的是盐度。海水的循环有时候也会被称为"大洋传送带"，这里的描述经过了一点简化，但海水的确会绕着地球流动，驱动这个过程的也的确是重力。

千百年来，海风推动着海面洋流，将探险家和商人送往地球的各个角落。但在深海之中，还有一种同等重要的货物在被系统地输送着，它就是热量。

在地球上，赤道附近吸收的太阳热量最多。这一方面是因为赤道的太阳高度角常常是最大的，另一方面是因为这个纬度的地球周长最长，可吸收热量的面积最大。水的比热容很大，哪怕它升温一点点也能吸收大量的热，所以温暖的大洋就像储存着太阳能的巨型电池。随着海水的流动，这些能量被

---

1 南极海滨也有同样的现象。

送往不同的区域，温盐环流悄悄影响着天气。稀薄多变的大气在空中流动，水体形成的稳定热量库在下方不断提供能量，对激变进行缓冲。

大气是最终的受益者，但海洋才是王座背后的力量。下次看到地球卫星图的时候，请提醒自己，大陆固然有趣，蔚蓝的海洋也绝不是填补空隙的无意义地带。想象一下在重力作用下缓慢流淌的巨大洋流，你就会看到那一抹蔚蓝的本质：它是这颗星球最大的发动机。

第 3 章

小即是美

- 表面张力和黏度 -

咖啡渍和显微镜

咖啡是一种风靡全球的珍贵商品。如何从貌不惊人的咖啡豆中提取精髓永远是鉴赏家争论的焦点，争论有时甚至会上升到个人品位的高度。不过，我个人并不关注咖啡豆的烘焙方式和浓缩咖啡机的压力大小，我感兴趣的是溅到杯子外面的咖啡。[1]日常生活中充斥着这样的小意外，谁都不会多关注半分。硬质表面上的咖啡渍看起来毫不起眼，只是一摊水滴状的液体而已。但是等它干了以后，你会发现咖啡渍外沿形成了一条褐色的线，就像20世纪70年代的侦探剧里画在尸体周围的轮廓线。咖啡刚溅出来的时候当然是完整的一摊，但是在蒸发的过程中，所有褐色的物质不约而同地向外侧移动了。紧盯着一摊咖啡等它干掉就和盯着一幅水彩画等它晾干一样无聊，就算你目不转睛地盯上半天，也很难看出其中的奥妙。让咖啡汇聚成线的物理机制只在极小的尺度上起效，因此不可能用肉眼直接观察到，但我们可以看到它造成的结果。

如果在显微镜下观察咖啡液滴，你会看到水分子正在乐此不疲地玩碰碰车，庞大的褐色咖啡粒子就夹杂在这些分子中间。水分子之间的引力很强，如果有某个分子向液面外凸出了一点，其他分子立即会把它拉回大家庭里。这意味着水形成的液面就像某种弹性薄膜，下方的水一直在向下拉扯它，所以液面永远是光滑的。液面的这种弹性就是"表面张力"，稍后我们会详细介绍这个概念。而在液滴边缘，液面光滑地向下弯曲，与桌面相交，维持着液滴的位置和形状。但是，房间里相当暖和，时不时有某个水分子离开液面，以蒸汽的形式上升到空气中。这个缓慢的过程叫作蒸发，蒸发出去的只有水分子。咖啡的微粒不会蒸发，只能留在液滴里。

随着越来越多的水分子蒸发到空气中，奇妙的事情发生了。液滴的边缘

[1] 如有冒犯，我诚挚地道歉。实际上我在本章中介绍的内容同样适用于速溶咖啡，所以你不必为了科学而浪费宝贵的高级咖啡。

在桌上是固定的（原因我们稍后会解释），而且边缘处水分子蒸发的速度比其他位置快得多，因为这里的水分子接触空气的机会更多。就算你能说服和你一起喝咖啡的朋友盯着咖啡滴等它变干是最新的潮流，你也看不到液滴里的物质在一刻不停地运动。液滴中央的咖啡必须不断向外移动，去补充边缘处蒸发掉的水分。水分子裹着咖啡粒子向外运动，等到水分蒸发以后，无法蒸发的咖啡粒子就留了下来。在这个过程中，所有咖啡粒子都慢慢被搬运到了液滴边缘，等到水分子彻底蒸发，留下来的就是一圈褐色的轮廓。

我对这个过程如此着迷，主要是因为它就发生在我的眼皮底下，但是这太微观了，我们看不到最有趣的细节。微观世界对我们来说完全是另一个世界，那里另有一套运转规则。你很快就将看到，我们熟悉的一些力在微观世界依然有效，比如重力，但在那个世界里，分子之舞产生的另一些力也扮演着相当重要的角色。如果能够深入微观世界，你会看到一些非常奇怪的现象。最终你会发现，主宰微观世界的规则其实能够解释宏观世界里的很多事情，比如牛奶上漂浮的那层奶油去了哪里，比如镜子为什么会起雾，比如树如何吸收水分。我们将学会利用这些规则改造宏观世界。除此以外，我们还将看到这些规则如何帮助我们改进医院设计，完成新药测试，拯救成百上千万条生命。

●

要对微观世界产生兴趣，首先你必须知道它的存在。不过，如果不知道有微观世界，你又怎么会去探寻它呢？这可真像第 22 条军规的悖论。[1]1665

---

1 出自美国作家约瑟夫·海勒（Joseph Heller）的长篇小说《第 22 条军规》（Catch-22），该小说中，根据第 22 条军规，只有疯子才能获准免于飞行，但必须由本人提出申请。同时又规定，凡能意识到飞行有危险而提出免飞申请的，属头脑清醒者，应继续执行飞行任务。第 22 条军规还规定，飞行员飞满 25 架次就能回国。但规定又强调，飞行员必须绝对服从命令，否则就不能回国。因此上级可以不断给飞行员增加飞行次数，而飞行员不得违抗。如此反复，永无休止。因此"第 22 条军规"多用来形容某事存在逻辑陷阱。——译者

年，一本书的问世改变了这个局面，这就是有史以来第一本科学畅销书：罗伯特·胡克的《显微图集》（*Micrographia*）。

罗伯特·胡克是英国皇家学会的实验管理员。他是一位通才，精通当时已知的各个学科。《显微图集》是胡克专为显微镜编撰的推广材料，他想让读者看到这种新设备的巨大潜力。这本书赶上了好时代。那个年代实验科学盛行，人们对科学的理解一日千里。数百年来，镜片一直没有得到主流科学界的重视，它更像是某种新奇的小玩意儿，而不是科学工具。但是，随着《显微图集》的出版，镜片迎来了春天。

这本书的精彩之处在于，它不仅仅是在严肃性和权威性上沾了英国皇家学会的光。单从内容上说，它也是一本分量十足的科学著作。《显微图集》图片精美，介绍详尽，编撰严谨，品质精良。但是从本质上说，罗伯特·胡克所做的和任何一个第一次接触显微镜的孩子没什么两样，他把周围的一切事物都放到了镜头下面。我们可以在这本书里看到各种物品的显微照片，从剃刀刀片到荨麻刺，再到沙粒、烧焦的蔬菜、头发、火花、鱼、蠹鱼[1]和丝绸。显微镜所揭示的细节令人震惊。谁知道苍蝇的眼睛竟然那么美丽？不过，在仔细观察之余，胡克并未深入研究微观世界。他在书中某一章谈到了常见的尿路结石，并初步提出了治疗这种痛苦疾病的方法，但他没有进一步探讨，而是高高兴兴地把实际的工作推给了别人。

因此，这或许值得探究：含有碎石的尿液中是否存在其他物质，能让这些固体再次溶化到尿液中去？从图片上看，这些碎石似乎正是从尿液中凝结出来的……不过，这个问题应该留给医生或者化学家，我还是接着往下讲别的好了。

---

1 蠹鱼（Lepisma saccharina），一种昆虫，又称蠹、衣鱼、壁鱼、书虫或衣虫，身体呈银灰色，因此也有白鱼之称。——译者

于是，胡克又描绘起了显微镜下的霉、羽毛、海藻、蜗牛的牙齿和蜜蜂的蜇刺。他还创造了"细胞"这个词，专指软木塞的基本组成单位。从此以后，生物学成为独立的学科。

胡克不光为我们指出了通往微观世界的道路，他还直接推开了那扇大门，邀请所有人加入这场盛大的派对。接下来的几百年里，《显微图集》启迪了好几位最负盛名的微生物学家，也在时尚之都伦敦掀起了科学的热潮。微观世界的迷人之处在于，这个精彩的国度一直在那里，但人类对它一无所知。现在我们发现，绕着腐肉嗡嗡飞行的烦人苍蝇原来是微型的怪兽，它长着毛茸茸的腿、圆鼓鼓的眼睛和坚硬的刚毛，浑身披着闪亮的铠甲。这真是个令人震惊的发现。在那时，航海家已经走遍世界，发现了新大陆和新人种，远方仍有大量惊喜等待人们。但是谁都没有想到，我们竟然错过了眼皮子底下的这么多精彩，一小撮肚脐绒毛里就可能藏着一个小世界。面对毛茸茸的跳蚤腿，最初的惊奇退去以后，人们便开始探索背后的科学。微观世界自有运转规则等待人们来了解。人类开始利用显微镜研究一些多年前就已发现却一直没找到确切原因的现象。

不过，这仅仅是我们迈向微观世界的第一步。《显微图集》出版二百多年后，人类才首次确认了原子的存在。原子的个头比细胞更小，胡克描绘的软木塞细胞，其长度大约相当于 10 万个原子排成一条线。正如著名物理学家理查德·费曼（Richard Feynman）在多年以后所说的，没有最小，只有更小。人类在中等尺度的世界前行，无法触摸构建世界根基的微观结构。不过，在胡克的《显微图集》出版 350 年后，事情有了转机。原来的我们只能远远地观察那个微观世界，无法触碰任何东西，就像在博物馆橱窗外张望的孩子一样。而现在，我们正在学习如何操纵微观尺度上的原子和分子。橱窗外的玻璃被拆掉了，我们走进那个世界，"纳米"逐渐成为潮流。

微观世界之所以迷人且蕴藏实用性，关键在于这个尺度占据主导的物理学规则与宏观世界完全不同。人类完全不可能做到的事情或许正是跳蚤的生存技能。当然，所有物理学规则在微观世界和宏观世界都同样有效，跳蚤和我们生活在同一个物质世界中。只是两个世界里占据主导地位的力大不相同。[1]影响宏观世界的物理因素主要有两种：第一种是重力，它向下拉扯所有事物；第二种是惯性，由于我们的体积相对庞大，所以无论是加速还是减速，我们都需要消耗大量的力。不过，随着尺度的不断缩小，惯性和重力所关联的拉力也会变小。最后我们发现，那些原本一直存在，但在宏观世界里无关紧要的弱小的力逐渐拥有了与重力和惯性竞争的实力，甚至开始占据上风，比如让咖啡在干涸过程中形成轮廓线的表面张力，还有黏性。正是由于黏性的存在，你的牛奶瓶里那层漂亮的奶油才会消失。

偷吃奶油的蓝山雀

有的鸟儿最喜欢金色和银色瓶盖的牛奶瓶。要是你起得够早，开门的时候够小心，也许你能抓个现行。眼睛明亮的小鸟趾高气扬地站在牛奶瓶上，一边透过它在瓶口铝箔上啄出的小洞匆匆偷吃奶油，一边警惕地观察周围。一旦发现有人靠近，它就会立即飞走，或许去邻居家的门廊上碰碰运气。50 年来，蓝山雀（blue tit）一直是英国偷吃奶油的大师。它们互相通气，都知道那张薄薄的铝箔下面就是富含脂肪的宝藏。其他鸟儿似乎还没发现这个，而蓝山雀每天早上都会守候送奶工的到来。但是突然有一天，这套把戏

---

1 我们还能在微观世界畅游很久，而不必过于担忧量子力学的离奇世界。讨论单个原子和分子的行为时，你必须考虑量子力学，不过在这个层面以上，在肉眼可见的层面以下，仍有很多东西可供探索。实际上，夹在中间的这个层面相当有趣，因为它的运转规律符合我们的直觉（相比之下，量子世界里的很多事情看起来完全就不可思议），尽管你的肉眼看不到它。

行不通了，不光是因为塑料牛奶瓶取代了玻璃瓶和铝箔封口，还因为一些更基本的东西发生了变化。以前牛奶瓶里的奶油必然会浮到顶层，但现在，情况不一样了。

饥饿的蓝山雀青睐的牛奶含有多种营养物质。牛奶的主要成分（约占90%）是水，水里漂浮着糖（即某些人无法消化的乳糖），还有蛋白质分子和较大的脂肪球。这些东西都混合在一起，不过静置片刻，牛奶就会分层。牛奶中的脂肪球个头很小，直径为 1~10 微米，也就是说，尺子上 1 毫米的刻度里可以填进去 100~1000 个脂肪球。这些小球的密度小于周围的水，因为同样体积的脂肪球质量更小。因此，尽管牛奶中的各种微粒都在不断运动、碰撞，但脂肪球的运动方向与其他物质有些不同。重力作用于水分子的拉力略大于作用于脂肪球的拉力，所以这些脂肪会被水分子轻轻向上推挤。这意味着尽管脂肪的浮力非常微小，它仍会缓慢地上升到牛奶的顶层。

问题在于：它上升的速度到底有多快？这时候我们就需要考虑水的黏性了。黏性衡量的是两层流体之间的摩擦力。想象一下，如果拿勺子搅动一杯茶，那么随着勺子的运动，勺子周围的液体也会随之旋转，与杯子里的其他液体产生相对运动和摩擦。水的黏性不算大，所以这些不同层的液体可以比较轻松地相对流动。不过，如果把这杯茶换成糖浆，你又会看到什么呢？糖分子彼此更加紧密，要让它们发生相对运动，你必须打破分子之间的羁绊。所以搅动糖浆比搅动茶水困难得多，因此我们会说，糖浆的黏性较大。

因为牛奶中的脂肪球拥有浮力，所以它们会被别的成分向上推挤。不过，要想真的浮到水面上，这些分子必须挤出一条路来。推挤过程中，不同层的液体必然产生相对运动，黏性也因此成为重要的影响因素。黏性越大，脂肪球上升遇到的阻力就越强。

战争在蓝山雀脚下的牛奶瓶里悄然爆发。每个脂肪球都被浮力推着向上移动，但周围的液体又会对它产生阻力。不同大小的脂肪球受到的阻力不同。

体积越小，阻力越大。同样的上浮之路对小个子来说更艰苦，需要推开的液体更多，而它的浮力却比大个子小。因此，在同样的液体中，体积较小的脂肪球上升的速度比体积大的那些慢得多。一般来说，微观世界里黏性的影响力大于重力，所有东西移动的速度都很慢，物体的确切体积是非常关键的影响因素。

牛奶中体积较大的脂肪球上升得更快，体积较小、移动较慢的脂肪球会吸附在这些大球上面，形成脂肪球簇。这些球簇的阻力 / 浮力比相对更小，因为它们的体积比单个脂肪球大，所以上升的速度也更快。蓝山雀只需要蹲在瓶口静静等待，早餐就会自动送到脚下。

然后我们就要谈到均质乳化[1]了。牛奶生产商发现，如果能让牛奶在极大的压强下从极细的管子里喷出去，就能打破牛奶中的脂肪球，让它们的直径缩减到原来的 1/5。也就是说，这些脂肪球的质量会变成原来的 1/125。在这种情况下，和重力紧密相关的浮力完全无法与黏性带来的摩擦力抗衡。经过均质乳化处理的脂肪球上升的速度非常缓慢，甚至完全不会上升。[2]打碎脂肪球彻底改变了这场战争的走向，黏性获得了压倒性的胜利。奶油不再上浮到牛奶瓶顶层，蓝山雀只能去别的地方寻觅早餐了。

所以，相同的力在不同层级上产生的效果大相径庭。[3]气体和液体都有黏性，虽然气体分子之间的结合远没有液体分子那么紧密，但它们仍在不断

---

1 我着迷于生活的丰富性与情趣，所以这个词总会让我有几分感伤。让所有东西变得一模一样，这样的操作自有其价值，但有时候，均质化仿佛夺走了生活中的所有乐趣，尤其是对蓝山雀而言。

2 这些新形成的小型脂肪球外面还包裹着一层蛋白质外壳，这又进一步延缓了它的上升速度。蛋白质外壳让脂肪球变得重了一点点，所以它的浮力比原来还小。人们通过各种手段详细测量了这个过程，一瓶牛奶里也有这么大学问，这实在令人震惊。

3 如果你有兴趣进一步了解这方面的知识，生物学家 J.B.S. 霍尔丹（J.B.S. Haldane, 1892—1964）在 20 世纪 20 年代写过一篇著名的短文，题为《正确的尺度》（On Being the Right Size）。全文链接：http://irl. cs.ucla.edu/papers/right-size.html。这篇文章揭示了一个残酷的真相：重力基本不会给小鼠和更小的动物带来任何危险。你可以把一只小鼠丢进 900 米深的矿井里，只要矿井内的地面不算太硬，那么落地以后它最多会晕一小会儿，很快就能正常地跑开。如果发生同样的事情，大家鼠可能会送命，人类会骨折，马会摔得粉身碎骨。据我所知，谁也没有真正做过这个实验。你也千万不要去尝试。当然，要是你非去不可，请不要因此责怪我。

碰撞，这场盛大的碰碰车游戏会产生相似的效果。因此，小虫和铁球坠落的速度绝不会完全相同，除非你抽掉所有空气，将它们坠落的环境变成真空。空气黏性会大大拖慢小虫的速度，却不会对铁球造成太大影响。如果你抽掉了空气，那么重力就成了唯一的影响因素，对小虫和铁球来说都一样。小虫在空中飞行时运用的技巧和我们在水里游泳时的一模一样。空气的黏性主宰着小虫周围的环境，一如水的黏性统治着游泳池。那些体形微小的昆虫其实更像是在空气中游泳，而不是飞翔。

牛奶均质乳化背后的原理还能运用到其他很多地方。下次打喷嚏的时候，不妨想一想你喷出的液滴尺寸有多大。如果尺寸太小，那么这些携带病菌的液滴可能会一直飘浮在空气中，很难坠落下去。

飞沫和肺结核

数千年来，结核病一直是困扰人类的顽疾。最早的肺结核病人是一具死于公元前 2400 年的古埃及木乃伊。公元前 240 年，医学之父希波克拉底（Hippocrates）就已描述了与肺结核相关的病症，中世纪欧洲王室还曾积极寻找治愈淋巴结核的良方。

工业革命以后，城市人口增多，肺结核开始在城市的贫民区中盛行。19世纪 40 年代，肺结核的死亡人数占了英格兰和威尔士总死亡人数的 1/4。直到 1882 年，人们才找到了引发肺结核的罪魁祸首。它是一种微小的细菌，名叫"结核分枝杆菌"。查尔斯·狄更斯（Charles Dickens）曾描写过肺结核流行时人人咳嗽的场景，但他无法描述这种疾病最重要的特征，因为这一点他根本看不见。肺结核是通过空气传播的，患者每一次咳嗽都会从肺里喷出数千颗细小的液滴，部分液滴中包含着微小的结核杆菌，这些细菌的长度只有 1 毫米的 3/1000。刚刚离开人体的液滴较大,直径可能有零点几厘米。这些液滴在重力的拉扯下向下坠落,落到地板上以后,它们就哪儿都去不了了。但是,液滴坠落的过程非常缓慢,因为除了液体以外,空气也拥有黏性——物体在空气中移动时必须奋力向前推挤。向下坠落的过程中,液滴不断遭到空气分子的碰撞和推挤,这又延缓了它的速度。正如牛奶的黏性拖慢了奶油的上升速度,这些液滴向下坠落的旅程同样也会受到空气黏性的阻挠。

但它们不一定下坠。液滴的主要成分是水,刚被喷出来几秒钟,这些水会蒸发。原本还算饱满的液滴萎缩变小,它受到的重力也会随之减小,很难与空气黏性抗衡。如果说原来的液滴是一颗携带着结核杆菌的水珠,那么现在它就变成了结核杆菌与有机杂质的混合物。对于新形成的微粒来说,它受到的重力已经不足以抵消空气阻力,所以它只能随风飘动。就像均质乳化的牛奶中那些细小的脂肪球一样,结核杆菌随波逐流。如果它正好降落在某个免疫系统功能较弱的人身上,那么就可能繁殖出一个新群体并逐渐发育壮大,直到新的细菌做好再次出发的准备。

只要有对症的药物,肺结核是可以治愈的。所以时至今日,西方世界里几乎已经没有肺结核病人了。不过就在我写作本书的年代,对人类来说,结核杆菌仍是仅次于艾滋病的第二号杀手,也是一些发展中国家面临的严峻挑战。2013 年有 900 万人感染结核杆菌,其中 150 万人因此丧命。这种细菌会针对抗生素进行变异,产生极强的抗药性,无法对抗它的抗生素越来越多。医院和学校时不时会暴发疫情。近年来,病人喷出的微小液滴渐渐变成了人们关注的焦点。与其等到人们得了肺结核以后再去治疗,何不想办法从源头切断这种疾病的传播路径?

卡斯·诺克斯(Cath Noakes)教授就职于利兹大学(University of Leeds)土木工程系,她对这方面的课题很感兴趣。深入研究飘浮微粒的性质,由此找出相对简单的解决方案,这是卡斯关注的重点。现在,她和其他工程师正在研究携带病菌的微粒如何运动，结果他们发现，这些微粒的运动轨迹与它们的成分或者存在的时间几乎完全无关。微粒的运动完全取决于各种力的综合作用，而这场战争的关键在于粒子本身的尺寸。人们发现，那些最大的液滴运动的距离远远超过我们的想象，因为空气中的湍流会帮助它们悬浮在空中。[1] 最小的液滴能在空气中停留好几天，不过紫外线和蓝光会破坏它们的活性。知道了粒子的大小尺度，你就能推测出它们可能的去向。所以，如果你正在为医院设计通风系统，那么你就能根据这方面的原理去驱赶或保留特定大小的微粒，从而控制疾病的传播。卡斯告诉我，每种通过空气传播的疾病都有自己独特的进攻方式，具体取决于致病所需的病原体数量（比如，极少量的麻疹病毒就能让人发病）以及疾病侵袭的身体部位（比如，结核杆菌在肺里和在气管里产生的效果是不一样的）。这方面的研究才刚刚起步，不过发展速度很快。

数千年来，在与结核杆菌的战斗中人类一直处于下风，不过现在，我们可以直观地看到病菌的传播，这为控制疾病提供了绝佳的机会。我们的祖先只知道病人的房间里弥漫着酸臭的气味，仿佛有神秘的瘴气充斥其中。现在，我们知道病人会让空气变化，知道携带病菌的微粒会不断运动、分流，也明白这最终会造成什么结果。这些研究的成果将纳入未来医院的设计之中，通过宏观工程影响微观粒子的举措将拯救成千上万条生命。

小体积物体在单一流体中运动时必须考虑黏性的影响。牛奶里上浮的脂肪球和空气中坠落的病毒微粒都是这样。在微观世界里，黏性还有一位形影不离的伙伴——表面张力，它主要作用于两种不同流体发生接触的场合。对我们来说，最常见的就是空气与水接触，气泡就是个最佳范例。[2] 我们不妨从泡泡浴开始讲解这个问题。

---

1 如果你不停地搅拌牛奶，奶油就永远都不会浮上来，因为搅拌会让奶油不断重新与牛奶融合。对液滴而言，道理完全一样——微粒不会下坠太多，因为气流的运动速度大于它们坠落的速度，这会让它们重新融入空气。
2 对我来说更是如此，归根结底，我是专门研究气泡的物理学家。

"家庭主妇"和肥皂泡

往浴缸里放水的声音总是让人心情愉悦,这意味着漫长的一天已经结束,享受的时刻即将到来。你或许刚刚经历了一场异常艰难的羽毛球赛,或者只是吃饱喝足、浑身慵懒,无论如何,浴缸都是你现在最向往的地方。不过,往浴缸里倒了泡泡沐浴液以后,悦耳的水声立即变了。随着泡沫的不断生成,哗啦啦的水声变得低沉柔和,水和空气之间的界限开始模糊。一团团空气被关进了水汪汪的笼子,引发这一切的就是你从瓶子里倒出来的沐浴液。

19 世纪末,欧洲的一群科学家揭开了表面张力之谜。维多利亚时代的人们热爱气泡。从 1800 年到 1900 年,肥皂生产业飞速扩张,白色泡沫保障了工业革命时期工人的个人卫生,让整个时代干净整洁。肥皂泡还提供了绝佳的道德说教素材,因为洁白的泡沫是洁净与无辜的完美象征。除此以外,泡泡也是物理学在生活中的化身,它代表着人们心目中那个整洁、规范、井井有条的宇宙,然而谁也没有料到,短短几年后,狭义相对论和量子力学就戳破了美丽的肥皂泡。然而,揭开泡沫之谜的并不仅仅是那些头戴礼帽、留着胡子的正经科学家,泡沫如此常见,任何人都可以尝试着去研究它。在很多文章的描述中,阿格内斯·波克尔斯(Agnes Pockels)仅仅是个"德国家庭主妇",但实际上,她是一位头脑敏锐、富有批判性的思考者。靠着手边仅有的材料和恰到好处的奇思妙想,她亲自验证了表面张力的存在。

阿格内斯于 1862 年出生于威尼斯,作为那个时代的女性,她坚信家庭是女人最好的归宿。于是,在兄弟去上大学的时候,阿格内斯留在了家里。不过,她利用兄弟寄回来的教材学习了先进的物理学,还试着在家里开展实验,就这样,她渐渐追上了主流学术界的进度。有一天,阿格内斯听说英国著名物理学家瑞利勋爵(Lord Rayleigh)对表面张力的课题颇有兴趣,而她做过这方面的很多实验，于是阿格内斯给瑞利勋爵写了一封信。勋爵非常欣赏阿格内斯在信里描述的实验结果，于是他把这些数据发表在了《自然》杂志上，好让同时代最伟大的科学家们都能看到。

阿格内斯的实验简单而巧妙。她把一小块金属圆片（大约相当于纽扣大小）系在一根绳子上，并将它放到水面上。然后，她测量了要让金属片离开水面需要多大的拉力。奇妙之处在于，水会对金属片产生一种"吸力"，从水面上提起金属片需要的力大于你从桌面上提起它所需的力。水的这种"吸力"就是我们所说的表面张力。通过测量提起金属片所需的力，阿格内斯算出了表面张力的大小。然后，她进一步研究了水的表面，尽管提供"吸力"的分子层薄得根本无法直接看见。我们很快就将介绍阿格内斯的研究方法，不过在此之前，我们先回过头去继续谈谈浴缸。

装满水的浴缸无异于一个巨大的碰碰车游乐场，水分子在这里碰撞、运动、狂欢。不过，水之所以如此特殊，是因为水分子之间的引力非常强大。每个水分子都有一个较大的氧原子和两个较小的氢原子，也就是 H_2O 中的 H 和 O。氧原子位于分子中央，两个氢原子分布在它两侧，形成一个张开的 V 形。可是，尽管与自己的氢原子结合十分紧密，氧原子仍不会放过偶然路过的其他粒子。氧原子总在不断吸引其他水分子的氢原子，形成人们所说的氢键。氢键的力量让水分子凝聚成了整体。浴缸中的水分子总在彼此吸引，将一整缸水凝为一体。

位于表面的分子却有点不一样。它们会受到下方水分子的吸引，但上方却没有别的水分子。表面这层水分子受到的力有向下的、向侧面的，却没有向上的，于是它们形成了一张有弹性的薄膜，紧紧包裹着下面的水分子，同时尽可能地向内收缩，减小自己的面积，这就是表面张力的来源。

你打开水龙头，水裹挟着空气冲入浴缸形成气泡。不过这些气泡浮到水面上以后无法维持太长时间。这是因为水的表面张力太大了，构成气泡的水分子会被其余的水分子死死拉住，这往往导致气泡破碎。

阿格内斯的实验内容之一是，轻轻向上提拉金属薄片，但不要让金属片离开水面。接着，她在金属片附近的水里加了一滴洗涤剂，1~2秒后，金属片轻松地离开了水面。扩散的洗涤剂降低了水的表面张力，因为它取代了表层的水分子，让水不必直接接触空气。

加了沐浴液以后，浴缸里的水无法再维持面积最小的平坦表面。进入水中之后，黏稠芬芳的浴液立即扩散开来。每个浴液分子都有一端亲水，另一端疏水。疏水端一旦接触空气就会牢牢抓住，亲水端接触水时同样如此，于是浴液最终会停留在水与空气的接触面上。这层浴液只有一个分子那么厚，每个分子的亲水端都停留在水面下，疏水端则暴露在空气中。浴液的表面张力比水小得多。派对开始了，大量泡沫出现在水面上。通过降低表面张力，浴液让气泡的表面变得更加稳定，从而延长了它存在的时间。

或许值得一提的是，我们总觉得白色的泡沫能把东西洗干净，然而对于现代洗涤剂来说，起泡成分和清洁成分其实是两回事。完全无泡的洗涤剂也能把东西洗得干干净净，事实上，泡沫还常常会妨碍清洁过程。不过，清洁产品供应商的宣传做得太好，人们固执地认为美丽的白色泡沫就是清洁力的保证，所以现在这些生产商骑虎难下，只能在洗涤剂里添加起泡剂，否则消费者不会买账。

和黏性一样，表面张力在宏观层面上也同样明显，不过它的重要性通常比不上重力和惯性。越小的物体越容易受到表面张力的影响，所以你的泳镜才会起雾，毛巾才能吸水。微观世界的美妙之处在于，一个宏观物体中可能隐藏着众多微观过程，而且它们的效应会叠加起来。我们可以说，表面张力只有在微观层面上才会占据主导地位，但它也成就了地球上体形最大的生物。不过，要解释这个道理，我们得先了解表面张力的另一面，也就是气体和液体之间的表面，当它遇上固体时会发生什么呢？

泳镜上的雾

第一次在开放水域中游泳的经历让我明白，这种运动不适合胆小鬼。幸运的是，事前我完全不知道这一点，所以也毫无心理负担。在圣迭戈的斯克里普斯海洋研究所工作的时候，我的游泳小组每年最盛大的活动是从拉荷亚的海滩到斯克里普斯码头游一个来回，这条路线总长 4.5 千米，需要游过一条幽深的海底峡谷。

在此之前我只在游泳池里游过泳，不过我喜欢尝试新事物，而且游泳经验也还算得上丰富，所以我报名参加了活动，并暗自祈祷到时候千万别太露怯。出发的时候场面有些混乱，不过大家游开以后就好多了。在第一段行程中，我们从一大片壮观的海藻森林上方游过，感觉像是在飞。穿过海藻缝隙的阳光闪烁着点点金光，就像森林里透过枝叶投射到地面上的光斑。巨大的海藻伸向海底深处，最终消失在一片朦胧之中，我不由得想到，在我看不见的深处，有多少生物正自在地游弋。离开海藻森林后，海浪变得更加汹涌，我不得不分出更多精力来维持正确的方向。行程开始变得有些困难。远处地平线上的码头看起来模糊一片，我也完全看不清下方的海水里有什么东西。过了好一会儿我才发现，我之所以什么都看不见，是因为泳镜起雾了。噢，原来是这样。

从温暖的皮肤上蒸发的汗水在塑料泳镜里形成大量蒸汽。我游得越努力，蒸发的汗水就越多。现在我的泳镜内部变成了一个迷你桑拿房，里面又热又潮湿，但周围的海水却凉爽宜人，外面的环境不断地冷却泳镜的镜片，空气中灼热的水分子碰上凉爽的塑料镜片就会释放出热量，冷凝成液体。但这还不是关键。真正的问题在于，这些水分子在镜片内侧凝结成液体后还会自发地聚集起来，也就是说，水分子彼此之间的引力远大于塑料对水分子的引力。表面张力让水分子向内凝聚，迫使它们聚集成微小的水滴，以便缩小表面积。

这些水滴都很小，直径可能只有 10~50 微米。作用于水滴的重力无法抵消镜片与水滴之间的摩擦力，你就算等得再久，它们也不会自己流下去。

每个小水滴都会像镜片一样扭曲并反射光线。我抬头遥望码头的时候，光线先被泳镜上的水滴折射，然后才进入我的眼睛。无数小水滴就像镜子做的小房子，它们打乱了图像，所以我只能看到一片模糊的灰色。我停下来洗了洗泳镜，远方的码头又重新变得清晰起来。可是没过多久，讨厌的雾气又回来了。起雾，清洗，起雾，清洗——这样的循环令人疲惫，最后我只能紧跟搭档，因为她戴着一顶鲜艳的红色泳帽，哪怕镜片起雾，我也能看得清清楚楚。

到达码头以后，我们停下来检查了一下每个人的状态。在这短暂的时间里，我想起一位水肺潜水者大约一周前教过我一个小技巧：在泳镜的镜片内侧吐点唾液，然后把它抹匀，镜片就不会起雾了。刚听到这个的时候我做了个鬼脸，而现在，我实在不想再当睁眼瞎，所以就照办了。返程的体验果然大不相同。我的搭档觉得太无聊，她想赶快游回去，所以我只能拼尽全力跟着她。不过更重要的是，现在我能看清周围的景象了——游泳的人、海藻、目标海滩，还有偶尔从身边游过的好奇的鱼儿。唾液的作用类似洗涤剂：它会降低表面张力。我的泳镜依然是个迷你桑拿室，泳镜内部的水蒸气依然稠密，但现在，由于表面张力太小，水分子无法凝聚成水滴，只能在镜片上形成一层薄膜，自然也就不会遮挡视线了。回到海滩上以后，我的心情十分愉快，因为完成挑战带给我解脱感，也因为我对水下世界有了新的体悟。

在物体表面喷洒薄薄的一层表面活性剂就能有效防雾。能够充当表面活性剂的东西有很多，包括唾液、洗发水、剃须泡沫，还有昂贵的商用防雾剂。涂了表面活性剂以后，凝结的水汽会立即被这些化学物包裹起来。这些活性剂的表面张力很小，所以水分子无法凝聚成水珠，只能均匀地分布在物体表面。如果没有更强的外力，这层水膜将一直留在泳镜内侧。而"更强的外力"唯一可能的来源就是表面张力，既然强大的表面张力已经不复存在，问题也就迎刃而解了。[1]

　　降低表面张力是解决方案之一。除此以外，还有一条路：增加镜片对水分子的吸引力。水滴会自动凝聚成球，如果你把水倒在塑料或玻璃表面上，水滴会高傲地抱成一团，尽量减小自己与塑料接触的面积。但是，如果接触面吸引水分子的能力足以与水分子之间的引力抗衡，那么水珠就会牢牢吸附在接触面上。它们不再是接近圆形的水珠，而是变成扁平的一摊，这时候，水分子之间的引力和接触面对水分子的吸引力大致相等。最近我买了一副配备了亲水镜片的泳镜，水汽依然会凝结，但在亲水层的吸引下，这些水分子会均匀分布在泳镜内侧，泳镜再也不会起雾了。[2]

毛巾和巨型红杉

　　降低表面张力在某些情况下是很有帮助的，但是水分子之间强大的引力也有实用性。水量越少，分子之间的引力就越不可忽视。在微观层面，我们甚至可以利用表面张力来抽水。这里不需要泵、虹吸管和大量能量，我们也能让水流动起来；你只需要把东西做得足够小，让重力退居幕后，为表面张力留出大显身手的舞台。打扫清理总是十分无聊，但没人打扫的世界相当糟糕。

　　我是个邋遢的厨子。我做饭的手艺还算不错，但我只爱烹饪，完全不想收拾自己在厨房留下的烂摊子。在别人的厨房里做饭时我总是很紧张。很多

---

1 把水滴到某种疏水性较强的物体（比如光滑的西红柿）上，你也能看到这种效应。西红柿皮上的水会凝聚成水珠，尽量减小自己与西红柿接触的面积。这时候只要用一根蘸了洗涤剂的牙签轻轻一戳，水珠就会立即扩散成膜。当然，做完这个实验以后，我希望你在吃这颗西红柿之前好好把它洗一洗。
2 固体表面对水分子的吸引力等于水分子内部的引力——只要能达到这样的平衡，就能解决所有同类问题。对于英国人来说，最大的麻烦是，在快倒完茶时，有些茶水会顺着壶身向下流到桌子上，而不是流进杯子里。这是因为这些茶壶的亲水性太强了。随着水流速度减慢，壶嘴的吸引力逐渐超过了推动茶水向前流动的冲力。要解决这个问题，你可以换个疏水性强的茶壶，遗憾的是，在我写作本书的时候，这样的产品似乎还没有问世。

年前，我曾在波兰的一所学校里和一群国际志愿者一起工作，有一天，我打算为大家做个苹果派。[1] 起初事情并不顺利。我找学校里那位脾气暴躁的高个子厨师借用厨房的时候，她兴高采烈地冲我大喊了一声："NO!"困惑了好几秒以后，我才终于想起来，波兰语里的"NO"代表同意。我的波兰语相当蹩脚，所以接下来她说的话我基本都没听懂，但我至少听明白了她再三强调的一点：做完饭以后必须把厨房打扫干净，要一尘不染，不准弄洒任何东西。要保持绝对的洁净无瑕。那天晚上，在她回家以后，我准备好了所有原料，然后接下来，我干的第一件事情——自然是打翻了一大盒刚开封的牛奶。

我的第一反应是希望这些牛奶立即消失，不要让那位严厉的厨师发现什么蛛丝马迹。但牛奶又黏又滑，既不能捡起来，也不能用扫帚扫走，而且它正以惊人的速度在厨房地板上漫延。不过，有一件工具非常适合收集液体，它能将液体聚拢到一个地方。这种工具名叫毛巾。

一旦毛巾接触到牛奶，原来的平衡立即打破。毛巾是用棉花做的，棉花能吸水。在微观层面上，水分子牢牢地吸附在棉花纤维上，沿着每根纤维的表面缓慢爬行。由于水分子之间的引力很强，所以第一个接触毛巾的水分子会把后面的一串伙伴都拉上来。水携带着牛奶里的其他成分沿着棉花纤维迅速漫延。水与毛巾纤维之间的吸附力非常强，区区重力根本无法与它抗衡，流下来的牛奶又心甘情愿地爬了回去。

不过，故事并未到此为止。毛巾真正了不起的地方在于，它非常蓬松。如果只能靠自己的纤维去接触薄薄的水层，那么它根本不会有这么强的吸水能力。但由于毛巾非常蓬松，所以棉花纤维之间会形成大量气泡和狭窄的通

---

1 实际上，我是想表达歉意。之前去克拉科夫的时候，我曾答应请大家去犹太区吃顿大餐，可是那年头没有智能手机，我不幸迷路了。我领着12个饥肠辘辘的伙伴像没头苍蝇一样在黑暗空旷的街上穿梭，一路上连一家餐馆都没看到，传说中的大餐更是不见踪影。最后，我们不得不找了家麦当劳随便解决了一顿。我觉得做个苹果派至少能弥补我的部分过失。

道。水一旦进入这些通道就会被各个方向的纤维吸引。因为通道很窄，所以每一滴水都会找到可以附着的表面。蓬松的特性拓展了毛巾的表面积，所以它能吸收大量的水。

毛巾迅速吸干地面上的奶渍，微小的水分子在蓬松的毛巾里挤成一团，彼此碰撞。最底下的水分子紧抓彼此，跟着拥挤的伙伴们前进。已经吸附在棉花上的分子和身边的同伴手挽手，努力稳住自己的位置。刚刚接触到干燥棉花的分子不顾一切地吸附在纤维上，带着后面的伙伴奋勇前进，向上填充结构之间的空隙。奶渍表面的水分子拉扯着正下方的同类，试图和其他水分子一起凝聚成球，向上攀爬。这就是毛细现象。

毛巾里的牛奶和地上的奶渍都会受到向下的重力，但在微观层面，一旦牛奶接触到干棉花里的无数小气囊，重力根本无法抗衡毛巾的吸附力。我不断移动、翻转毛巾，用相对干燥的地方继续擦拭，让它尽可能地多吸一点水。

水分子会彼此拉扯，在纤维的空隙之间执着地向上攀爬，直到无数气囊产生的引力加起来终于与重力达到平衡。正是这个原因，如果你把毛巾的边缘浸入水中，那么液体会沿着毛巾向上漫延几厘米，然后停止扩散。这时候，水受到的重力正好等于表面张力提供的向上的引力。纤维绒毛之间的通道越窄，能提供张力的表面积就越大，浸湿的水线也就爬得越高。在这种情况下，尺度真的很重要。把同样形状的绒毛放大 100 倍，那它就会彻底失去吸水的能力。不过，要是你把它缩小，各种力所占的优势就会改变，浸湿的水线也会继续升高。

最棒的是，如果你把毛巾晾到外面，那么绒毛缝隙中的水会慢慢蒸发，最后消失在空气中。这真是个完美的解决方案，毛巾不但能吸收液体，还能让这些液体无声无息地自行消失。[1]

清理完奶渍以后，我做好了苹果派，还把厨房收拾得干干净净。不过，

---

1 当然，牛奶里的脂肪、蛋白质和糖不会蒸发，所以你依然需要清洗毛巾上的残余物。

最后我还是犯了一个错，这回科学知识帮不了我了。苹果派上的奶油霜味道不太对头，看着大家的表情，我终于意识到了这一点。我把波兰语里的酸奶油错当成了普通奶油。这下我可记住这个词了，但这也真丢人。不过，人总得活到老学到老，下次我不会再犯同样的错误。

我们为什么会用棉花做毛巾？因为棉花的主要成分是纤维素，这种物质的亲水性极强。脱脂棉、洗碗巾和廉价的纸都能吸水，因为它们都由亲水的纤维素组成，微观结构非常蓬松。问题在于：这些物理规则适用的尺度有下限吗？如果把绒毛之间的通道做得尽可能小，又会发生什么事情？实际上，我们要说的已经不再是吸水的工具，在这条路上，大自然比人类走得更远。主宰微观世界的物理规则与地球上体形最大的生物——巨型红杉——息息相关。

●

森林的静谧与潮湿仿佛亘古不变。树木之间的地面上长着厚厚一层苔藓和蕨类，除了看不见的鸟儿发出的鸣叫以外，你只能听见树木摇晃时发出的令人不安的嘎吱声。透过绿色枝叶的缝隙，我能看到高处的蓝天，而在我脚下的地面上，水无处不在：小溪、潮湿的水洼，还有沿着山谷蜿蜒向前的细流。前进的时候，我常常会下意识地紧张起来，不时会有一大片阴影出现在森林中，看起来与周围的环境格格不入。但那不是掠食者，而是一棵树：足有上千年树龄的大树屹立在孱弱的后辈之间，高耸的身躯在森林中投下巨大的阴影。

这就是海岸红杉，学名北美红杉。它曾郁郁葱葱地覆盖着加利福尼亚州北部的广袤领土。时至今日，这些巨树形成的森林已经急剧缩小，现在我拜访的正是久负盛名的洪堡县红杉国家公园（Redwood National Park, Humboldt County）。巨大的红杉之所以如此醒目，是因为它们的树干完全垂直于地面,笔直地伸向空中。这颗星球上已知最高的树木就生长在这里,它的高度达到了惊人的 116 米。[1] 远足途中,我不时与胸径足有两米的巨树擦肩而过。最令人震惊的是,在那沟壑纵横、饱经沧桑的树皮下面,这些树还在继续长出新的年轮。它们还活着。我头顶 100 米外那些终年常绿的叶子正在吸收、储存太阳的能量,以制造新的养分,它们做的这些事情和其他小树没什么两样。

但是,生命需要水,而水在地面上,在我站立的地方。也就是说,在我周围,森林里的水正在我们看不见的地方向上流动。从树苗发芽的那一刻起,这样的流动就已经开始,从不曾间断。有的红杉从罗马帝国衰落的年代就已经生长在这里,它们一直矗立在加州的浓雾中,这期间人类发明了火药,成吉思汗横扫了亚洲,罗伯特·胡克出版了《显微图集》,日本人轰炸了珍珠港。上千年的时光中,树干里的水从不曾停止流动。我们如此肯定,是因为红杉体内依赖于水的一整套机制从未停止工作,这不可能暂停然后重启。这套生物输水结构十分精妙,它之所以有效,是因为输水管的直径只有几纳米。

树木的输水系统藏在木质部中,细小的管子贯通树干,从树根一直延伸到树梢的叶子里。我们所说的“木头”的主要成分就是这些小管子。不过,随着树木长得越来越高大,最内层的树芯就会逐渐失去输水功能。毛巾吸水靠的是毛细现象,但这只能把水抽到几米的高度,对很高的树来说远远不够。树根也能产生一定的压力,推动管中的水沿着树干上升,但作用效果同样只有几米。红杉在输水上另有办法,它们的水不是推上去的,而是拉到高处的。所有树木都拥有类似的输水系统,但红杉的系统是当之无愧的头号精品。

我坐在一根倒卧的树干上,仰望身旁的巨树。在我头顶 100 米外,细碎的树叶在微风中招展。要完成光合作用,它们需要阳光、二氧化碳和水。

---

1 西敏寺钟塔（大本钟所在的钟塔）高 96 米,你不难想象那些红杉到底有多么宏伟。

空气中的二氧化碳通过每片树叶背面的小孔（气孔）进入树叶内部，这些气孔的内部有纤细的网络，交织着充满了水的通道。这是树木输水管道的末端，到达气孔之前，主输水管经过了多次分岔，每一次分岔都会让直径变得更小。

在这里，输水管终于接触到了空气，它的末端直径只有 10 纳米左右。[1] 水分子紧紧吸附在每条通道的内壁上，水的表面向下凹陷，形成纳米尺度的"小碗"。阳光会加热树叶和叶子里的空气。当水面上的某个水分子获得了足够的能量，它就会脱离下面的伙伴，蒸发到空气中。可是现在，纳米尺度的碗变形了：因为失去了一个水分子，它凹陷得太深。表面张力向内拉扯水分子，让它们挤得更紧，以便进一步缩小表面积。有很多新的分子可以填补蒸发后形成的空隙，但它们都位于输水管深处。因此，输水管里的水会向上移动，去填补那个被蒸发掉的分子，由此引发连锁效应，层层传递到树干低处。单个输水管的直径很小，表面张力会对通道下方的水产生极强的拉力，无数叶子共同作用形成的合力足以拉动管道系统里的水从树根直抵树梢。这些水的确会受到向下的重力，但众多微弱的拉力汇聚起来，最终赢得了这场战斗。[2] 向上的拉力不仅需要对抗重力，还需要克服管壁与水之间的摩擦力。

几棵小树苗簇拥在我周围，它们只有 1 岁，树干内的输水管道才刚刚开始成形。树苗越长越高，管道系统也随之伸展，但绝不会断裂，所以树叶背面的气孔总能得到输水系统的滋润。在树木的成长过程中，这套系统一刻不停地向上抽水保障供给。如果管道系统彻底空了，树木就无法再次往里面充水。在成长的过程中，树木会确保管道里的水长流不竭。不管树木长到多高，它都必须确保输水系统完好无损。最高的红杉之所以都生长在海岸附近，是因为海滨的雾气能够帮助它们的叶子保持湿润。[3] 这样一来，红杉就不需要

---

1 纳米真是一个非常非常小的单位——要知道，1 毫米等于 1000000 纳米。

2 但这种效应也有限制。要增加表面张力，把水抽得更高，你就必须让气孔变得更小。气孔缩小无疑会影响树叶吸收二氧化碳的效率，光合作用得到的原材料也会减少。从理论上说，树木生长的极限高度是 130 米，一旦超过这个高度，它就无法得到足够的二氧化碳，自然也就不能继续长高了。

3 还有一些证据表明，雾或许还有其他作用。除了预防蒸发以外，雾气还会直接渗入气孔，为树叶补水。

从根部抽取那么多水了，这减轻了输水系统的负担，树木也因此长得更高。

水从树叶中蒸发的过程被称为"蒸腾作用"，在阳光的照射下，这个过程时时刻刻都在进行。宛如沉睡巨人一般的红杉实际上是数量惊人的一束水管，不断从森林的地下吸水，利用其中一部分水完成光合作用，再把剩下的水蒸发到天空中。每棵树都在做同样的事情。树木是地球生态系统不可或缺的一环，如果没有足够的水分，它们就无法向天空伸展。最美妙的是，它们不需要水泵就能完成抽水的任务。树木将问题化繁为简，利用微观世界的法则，将同样的过程重复数百万次，最终完成不可思议的任务。它们是活用物理学的巨匠。

那个由表面张力、毛细现象和黏性占据主导地位，重力和惯性退居幕后的微观世界一直是我们日常生活中密不可分的一部分。我们或许看不见那些过程，但能看到结果。那个世界精巧而陌生，很长时间以来，人类一直只能站在远处欣赏它，却无法深入其中，近年来，局面有了变化。针对毛细现象的研究一日千里。我们该如何操控狭窄管道中的流体？科学家甚至给这方面的研究专门起了个名字：微流体（microfluidics）。现在也许还有很多人完全没有听说过这个词语，但有朝一日，它必将对我们的生活产生重大影响，尤其是在医学领域。

今天，糖尿病患者可以用简单的电子设备和试纸监控血糖。微小的血滴一旦接触试纸就会被迅速吸收，这个过程背后就是毛细现象。葡萄糖氧化酶藏在试纸的小孔里，这种酶会与血液中的糖发生反应，产生一个电信号。病人可以利用手持设备探测到这个信号，然后，"嘀"——准确的血糖测量结果就会立即显示在屏幕上。这个过程看起来十分简单明了。试纸吸收血液，然后进行测量。但真的就这么简单吗？这样的描述实在过于粗略，真正发生的事情比这复杂精妙得多。

如果你能让液体通过细小的管道和纤维进入"储液罐"，并在流动过程中加入其他化学物质，再观察最后得到的结果，那么你就做成一个化学实验。这里不需要玻璃试管、手持式移液器和显微镜，科学家正在研发各种便携式的医学实验设备，这为"微型实验室"行业的迅猛发展奠定了坚实的基础。谁也不愿意从自己身体里抽出一整管血，但一滴血的量又太少，处理起来很难。更小的诊断设备通常成本更低廉，分离血液也更轻松。你甚至不需要用到高分子聚合物或者半导体这类现代的高级原材料，有纸就行。

哈佛大学的一组研究人员正在乔治·怀特塞兹（George Whitesides）教授的带领下钻研此类课题。他们设计了一种诊断工具，主要部件就是邮票大小的试纸，上面以疏水材料分隔出很多亲水通道。只要将一滴血或一滴尿滴到试纸上正确的区域，毛细现象就会将液体分配给不同的测试区。每个测试区里都有某种特定生物测试所需的原料，而每一个"储液罐"都会根据测试结果而改变颜色。[1]

研究人员表示，哪怕是对医学一窍不通的人也能轻松完成测试，他可以用手机给试纸拍一张照片，然后通过电子邮件将照片远程发给有能力做出诊断的专家。这个想法的确相当美妙。纸成本低廉，这类设备不需要消耗能量，重量也很轻，完成测试之后，你只需要点火将它烧掉就能保证卫生和安全。不过，要让这些看似简单的设备真正投入使用，我们还需要确认、权衡很多东西。但是，我们有理由相信，无论如何，此类设备未来都必将在医学界占领一席之地。

本章的内容带来了一个启示：遇到问题的时候，我们或许应该先试着寻找最合适的尺度，尽量让问题变得更简单。换句话说，我们可以选择用哪些物理规则来解决问题。

微观世界真的很美妙！

---

1 这类设备有个拗口的名字：微流控纸基电化学装置（microfluidic paper-based electrochemical device），简称"μPAD"。一家名叫全民诊疗（Diagnostics for All）的非营利性组织正试图将 μPAD 推广到临床实用领域。

第 4 章

时光中的一瞬

- 走向平衡 -

番茄酱和蜗牛

慵懒的周日，英式酒吧是解决午餐的最佳地点。我常常觉得这类地方既温馨又自然：古老的橡木梁柱间隐藏着众多形状各异的小空间。你在擦得闪闪发亮的黄铜脚炉和获奖小猪的照片之间找了张桌子坐下，点了一份标准的酒吧午餐。和餐盘一起端上来的通常还有一碗薯条和玻璃瓶装的番茄酱。不过接下来就费事了，几十年来，橡木房梁无数次见证了这项仪式：你得把玻璃瓶里的番茄酱倒出来才能蘸薯条，这可不是件易事。

起初，乐天派们只是把番茄酱瓶子倒过来举在薯条碗上方，结果当然什么都不会发生，但谁也不会跳过这一步。番茄酱非常黏稠，渺小的重力根本无法把它从瓶子里拽出来。而它之所以如此黏稠，原因有二：第一，只要够黏，那么就算瓶子已经放了很久，番茄酱里的香料也不会沉底，你要用的时候也不必再把它摇匀；第二，也是更重要的一点，人们喜欢在每根薯条上涂一层厚厚的酱，要是番茄酱很稀，那感觉就差多了。薯条上的黏稠酱汁令人愉悦，可是它还在瓶子里的时候，你的感觉就不那么愉快了。

几秒钟后，你终于和别人一样，开始相信重力根本奈何不了瓶子里的番茄酱。你只好摇晃玻璃瓶。你的动作越来越大，最后终于开始用另一只手使劲拍打瓶底。桌边的朋友们受不了这声响，纷纷往椅背上靠。一大坨番茄酱猝不及防地流了出来。奇怪的是，番茄酱真正动起来的时候分明相当轻快。现在，厚厚的酱汁覆盖了整个碗（或许还有半张桌子），这是最有力的证据。之前它还纹丝不动，突然之间就动若脱兔，这到底是怎么回事？

番茄酱的问题在于，如果你试图以很慢的速度去推动它，那么它就会表现得像固体一样；但要是你迫使它高速运动，它就会表现出液体的性质，可以流动。瓶子里和薯条上的番茄酱受到的向下的力只有微弱的重力，所以它就像固体一样死死赖在原地，可只要你摇晃得够狠，一旦番茄酱开始运动，它就会像液体一样快速流动。一切都是时机问题。虽然你做的是同样的事情，但动作快慢不同，造成的结果也会截然不同。

番茄酱的主要成分是过筛西红柿、醋和香料。混合物本身很稀，毫无特别之处，但在加入了 0.5% 的多糖之后，它就完全变了。这种糖名叫黄原胶，是一种常见的食品添加剂，由细菌发酵生成。玻璃瓶放在桌上的时候，水分之中的这些长长的糖分子彼此纠缠，维持着番茄酱的形态。而在我们摇晃瓶子的时候，它们开始松动，不过很快又会重新缠到一起。等到你开始拍打玻璃瓶，番茄酱受到的振动更加剧烈，纠缠在一起的分子不断分开，最后，它们纠缠的速度再也赶不上松脱的速度，一旦越过这个关键点，番茄酱就会失去类似固体的特性，哗啦啦一下子就从瓶子里涌出来。[1]

其实我们有办法解决这个问题。而且，考虑到英国人花了那么多时间来对付瓶子里的番茄酱，你会惊讶于这简单的解决方案竟然没几个人用。倒置瓶子、拍打瓶底，这些办法都收效甚微，因为只有离受力点最近的那部分番茄酱才会松动，而瓶颈会被黏稠的酱汁堵塞。最好的办法是让瓶颈处的番茄酱松动。你只需要将瓶子倾斜到一定角度，轻敲瓶颈，酱汁就会自己流出来，而且不会一下子出来一大堆，因为流动的酱汁数量有限。周围的用餐者不会被你的手肘撞到，也不会有番茄酱洒到他们身上，薯条也不会被番茄酱彻底淹没。

在物理学的世界里，时间非常重要，因为事情发生的速度会影响很多东西。如果你以两倍的速度去完成一件事，有时候能节省一半的时间。不过更常见的是，你会得到一个截然不同的结果。这一点很有用，我们也会运用这个原理以各种方式来控制周围的世界。时间尺度决定了事情的结果，这一点奇妙无穷。无论是对咖啡、鸽子还是高耸的建筑来说，时间都很重要，而不同的时间尺度对这些事物各有不同的意义。这一点不光会让我们的日常生活

---

1 这种现象被称为"剪切稀化"，很快我们就将看到，蜗牛也会利用这种现象。

变得更加方便，有时候你甚至会发现，生命之所以存在，完全是因为物理学的世界总有些赶不上趟。不过，我们还是从头说起吧，现在，我们一起来看一种以"永远赶不上趟"而著称的动物，它就是慢动作的代名词。

●

那天的剑桥阳光明媚，我不得不承认，我被一只蜗牛打败了。

很少有研究生在毕业前的最后一年花时间研究园艺，但当时我和三位朋友合租的那幢房子有一座花园，这样的诱惑实在太大。那一年，在工作和运动之余那稀少的时间里，我一直忙着清理繁茂的荨麻，在丛生的杂草中寻找大黄和玫瑰树之类的宝藏。父亲笑我在花园里种土豆（"你还真是波兰人。"他说），但我新开辟的菜地当然不会只种土豆。最让我激动的是，花园里甚至有个废弃的温室，里面铺满了碎石，还种了一架葡萄。春天我可以先在温室里培育幼苗（我打算种韭葱和甜菜根），然后把它们移植到菜地里。2月底，我在托盘里播下种子，然后开始等待新植物发芽。

不久后我就发现，幼苗恐怕是长不出来了，因为蜗牛实在太多。我拎着喷壶走进温室，发现每个托盘正中央都有一只趾高气扬的蜗牛。新翻开的泥土散落在周围，土壤中还有星星点点的绿意，那是被咬断的嫩芽。不肯服输的我把所有蜗牛都扔了出去，然后重新播种。这次我把所有托盘都放到了砖堆顶上，免得蜗牛再爬进去。两周后，刚发芽的幼苗又不见了，托盘里的蜗牛比上次还多。我又想了几个主意，但却无一奏效，最后我只剩下一个办法。这次我找了几对空花盆，把茶盘倒扣在每对花盆上，这时茶盘看起来活像长了两条菌柄的大蘑菇。我在所有茶盘边缘都涂了油，再把育种托盘放到"茶盘蘑菇"头上。经过这一系列复杂的操作以后，我把最后一批种子撒进托盘，合十祈祷，然后就回去继续研究凝聚态物理了。

　　幼苗不受打扰地长了半个多月，还是出事了：我在原本应该长着幼苗的地方发现了一只肥大快活的蜗牛。我还记得自己站在温室里疯狂地思考，它到底是从哪儿爬进托盘里的。只有两种可能：一、它沿着温室内墙爬到了屋顶上，然后不知怎么就正好掉进了托盘里。这个概率看起来相当渺茫。二、它沿着花盆壁爬到了倒扣的茶盘里，然后翻过茶盘边缘，一路闯进最上层的种子托盘。[1] 无论如何，我都不得不承认，蜗牛赢得了奖赏。但是，它是怎么做到的？这两条路线都要求它倒悬着爬行，它只能靠黏液把自己固定在物体的表面上。如果你观察过蜗牛移动，那么你会发现，它的前进方式和毛毛虫截然不同——蜗牛永远不会离开物体的表面，它只会不断分泌黏液，然后沿着黏液的路线前行。黏液就是蜗牛的秘密武器，而黏液的物理特性和番茄酱差不多。

　　观察蜗牛移动的时候你看不到太多东西，因为它的腹足边缘移动的速度非常慢。蜗牛分泌的黏液就像静止不动的番茄酱，黏稠而厚重，难以移动。不过就在蜗牛身体下方，在腹足的中央，肌肉从后往前运动，以推力迫使黏液流动起来。这些黏液会发生和番茄酱一样的变化，所以只要速度够快，它就会轻松地流动起来。借着肌肉的力量，蜗牛在液态的黏液表面滑行，几乎不会遇到任何阻力。蜗牛需要这层厚厚的黏液，否则它无从着力。蜗牛和蛞蝓之所以能移动，完全是因为它们分泌的黏液同时拥有固体和液体的特性，而这些黏液具体表现出什么特性是由外界施力所决定的。这种移动方式的最大优势在于，蜗牛可以借此头朝下脚朝上地爬行，因为它们永远不会离开自己所在的表面。

　　黏液为什么会有这种效果？因为它的成分是长长的复合糖分子。静止不动的时候，这些分子之间会连接在一起，赋予黏液固体的特性。但只要外界

---

1 当然，还有第三种可能：堆肥里藏着蜗牛卵或者小蜗牛，它就是在托盘里孵化长大的。但那只蜗牛真的很大，我实在无法想象它能在短短几周内长这么大。

的推力够大，这些连接就会断裂，分子开始像意式细面一样交错滑动。等到黏液再次静止下来，连接重新成形，短短几秒后，它又会变得黏稠。

就算这些我全都知道，我又该怎么保护幼苗呢？显然，我无法阻止蜗牛爬进托盘，因为它的黏液几乎可以粘在任何一种表面上，包括不粘锅涂层。实验表明，就连滴水不沾的疏水性表面都无法让蜗牛止步。这真是个了不起的成就，不过心疼幼苗的我没有心情表达赞赏。

防滴涂料也是基于同样的原理。静止的涂料黏稠厚重，不过只要你用刷子把它抹开，它的黏稠度就会大大降低，让你能够轻轻松松地把它刷得很薄。一旦你挪开刷子，涂料的黏稠度就会立即恢复，所以在干掉之前，它不会顺着墙壁向下流淌。

极快和极慢

番茄酱和蜗牛都很渺小，但同样的物理学现象可能在更大的层面上引发严重的后果。2002 年，我曾拜访过新西兰的基督城，那是一座宁静而优雅的城市。几千年来，雅芳河带来的无数小颗粒层层堆积，造就了肥沃的土地。但是，这座美丽的城市脚下却埋着一颗定时炸弹。2011 年 2 月 22 日中午 12 点 51 分，一场 6.3 级的地震在距离市中心约 10 千米的位置爆发。地震本身就够糟糕了，有人被甩到空中，有的建筑物四分五裂，而更糟糕的是，组成城市地基的沉积物只有在静止状态下才有足够的强度。和番茄酱一样，这些颗粒在剧烈的晃动中变成了液体。当然，细节上还是略有不同，沉积物的流动性之所以会大大增强，并不是因为分子之间的连接遭到了破坏，而是因为水涌进沙粒之间，大大降低了土壤的摩擦力。不过，二者背后的物理学原理完全相同。固体的土地在剧烈的振动下像液体一样流动起来。

汽车很重，所以在重力作用下，它会向地面施加很大的压力。汽车之所以不会陷进地里，是因为坚固的地面可以抵挡这样的压力。不过在基督城地震爆发的那几分钟里，这条法则被打破了。那天有很多车停在路边的沙土地面上，这些沙土已经几十年没有移动过了。但随着地震的爆发，沙土层开始快速滑动。如果这个过程发生得很慢，那么停在地面上的车不会有危险，但一切来得如此迅速，水涌进沙粒之间，沙子无法留在原来的位置，被迫四散游走。土地突然变成了水和沙子的混合物，失去了稳定的结构。地面还在摇晃，停在这堆混合物上面的汽车开始下陷。不过，地震一停，只需要一两秒，大地就能平静下来，水慢慢退去，地面重新固定下来，但汽车已经被半埋在了土里。

正是这个原因，基督城在地震中损失惨重。地面支撑力不足造成了汽车下陷、建筑物倒塌，这种现象叫作"土壤液化"，只有地震这样强大的力量才能让沉积物达到足够的速度，造成这样的后果。不过，就算外力很小，只要沙质地面运动的速度够快，情况一样会很严重。因此，陷进流沙时千万不要拼命挣扎。你越挣扎，沙子的流动性就越强，你下沉的速度也就越快。你应该尽量放慢动作，努力尝试控制自己的姿态和位置。时间很重要，而速度就是时间的一种表现。改变速度往往会造成截然不同的结果。

要想形容某件事情发生得很快，我们常常会说"一眨眼的工夫"。人类眨一次眼大约需要 1/3 秒，而人类的平均反应时间是 1/4 秒左右。这听起来似乎很短，可是你想一想标准反应测试的过程就会知道，这段时间里我们做了很多事情：光照到视网膜上，专门的感光分子就会开启一系列化学反应，产生一股微弱的电流。电信号通过视神经传向大脑，刺激脑细胞相互发送信号，判断是否需要做出反应。电信号还会沿着神经细胞传向肌肉。收到"收缩"指令后，肌纤维展开行动，让你的手按下按钮。这一切都是为了让你尽可能地以最快的速度做出反应。

我们为人体的复杂和精妙付出了速度的代价。我一直认为人类是动物界里的蜗牛，我们拖着迟缓的脚步在物理世界中踽踽前行，因为我们做的每一件事都牵涉许多不同的步骤。就在我们慢吞吞地处理这些琐事的时候，其他很多更简单的物理系统已经在瞬息间经历了巨大的变化。这些简单迅速的过程快得让我们根本无法察觉。将一滴牛奶从高处滴进咖啡杯里，你或许可以从中一瞥那个世界的运转。也许你能看到牛奶滴从水面上弹开，然后重新落回杯子里，这几乎是人类能分辨的速度的极限。在我念博士的时候，我的导师就曾说过，要是你的动作够快，你完全可以在牛奶滴进杯子之前改变主意，在半空中接住那滴牛奶；不过我敢肯定，这样的事儿人类完全不可能做到，我们需要一个小得多、快得多的帮手。

人类因为慢而错过了多少东西？这个问题启迪了我的博士生涯。我总是忍不住去想，世界上有多少事情就发生在我的眼皮子底下，但它们要么太小，要么太快，总之我都看不见。所以我选择了一个能让我摆弄高速摄像机的博士课题，这种技术能让我看到那个在正常情况下快得完全看不见的世界。但只有人类才能使用高速摄像机，如果你是一只鸽子，那又该怎么办呢？

巴里·弗罗斯特（Barrie Frost）是一位锐意进取的科学家，1977 年，他设法教会了一只鸽子使用跑步机。要是在今天，他的研究很可能会入选搞笑诺贝尔奖。这样奇怪的研究会让你先是忍俊不禁，然后陷入深思。跑步机的履带缓缓向后移动，为了保持自己原先的位置，鸟儿不得不迈步前进。显然，鸽子很快就领会了这一点，但它向前走的时候却出了点问题。

如果你曾坐在城市广场旁观察四处觅食的鸽子，你会发现它们在行走的时候头总会前后摆动。我一直觉得这样肯定很难受，这看起来也很奇怪，鸽子为什么要做这样的无用功呢？跑步机上的鸽子就完全不会点头。巴里由此推断，点头的动作对鸽子来说肯定别有深意。显然，它们不需要点头也能行走，所以这与运动完全无关，我们应该从视觉的方向去考虑。跑步机上的鸽子虽然在走，但周围的环境却固定不变。如果鸽子的头一直不动，那么它在任一时刻看到的东西也完全一样。这样的环境清晰而易于观察。而鸽子在地面上行走的时候，周围的场景会随着它的脚步发生变化。

事情似乎是这样的：这些鸟儿看的速度不够"快"，无法捕捉变化的场景，所以它们实际上并不是在前后摆头，而是先把头往前探一点，然后身体跟上，最后头向后摆动。在它迈出这一步的过程中，头的位置基本保持不变，这样它才有更多时间分析眼前的景象，然后再迈出下一步。它们先给周围的景象拍一张"快照"，然后探头向前，拍摄下一张快照。要是你能盯着一只鸽子观察一会儿，你一定会觉得我说得很有道理（不过这需要一点耐心，因为鸽子的动作通常很快）。[1] 为什么某些鸟类搜集视觉信息的速度特别慢，以至于必须前后摆头，但其他鸟儿却不用这样？谁也不知道这个问题的确切答案。但有一点毋庸置疑：速度较慢的动物必须把世界分割成一帧帧的静止画面，才能跟得上外界的变化。

人类的眼睛基本跟得上行走的速度，但如果在走路或者奔跑的时候要仔细查看近处的东西，你总得停下脚步才能看个清楚。你的眼睛无法在移动中以足够快的速度搜集所有细节。实际上，人类处理这个问题的方法和鸽子一模一样（虽然我们不会前后摆头），只不过我们的大脑会把所有东西拼成完整的画面，所以就连我们自己也无法察觉到这一点。我们的眼睛总在迅速地从某个点跳跃到下一个点，眼神的每一次停留都会为你的脑内画面增添更多信息。如果你在照镜子的时候集中注意力观察镜子里自己的一只眼睛，然后再把视线焦点转到另一只眼睛，你会发现在这个过程中，你根本看不到自己的眼睛有任何动作，但要是有个人站在你的旁边，他会清晰地看到你眼珠的

---

1 弗罗斯特的论文中提到了一件趣事。一般来说，我不会为了喜剧效果而引用科学论文，但是现在，我必须和大家分享这段话：给一只鸟儿拍完视频片段后，我们本来打算把跑步机关掉，却不小心把它调到了极慢的速度。片刻之后，我们发现那只鸽子的头开始慢慢前倾，角度越来越大，最后它果然摔倒了。进一步的观察表明，如果跑步机以极慢的速度运转，鸽子也会摔倒，或者说它的姿态会出现极端的变化。看起来，这样慢的速度不足以让鸽子迈步前进，却会让它不自觉地试图调整头部位置，有时候会导致它失去平衡。

转动。大脑将你看到的画面天衣无缝地拼接在一起，所以你根本不会发现自己的视线发生了跳跃，但这样的跳跃时时刻刻都在发生。

重点在于，我们的速度比鸽子快不了多少，所以这个世界上一定有很多东西的速度比我们快。我们已经习惯了局限于某个时间尺度之内的生活——从1秒到几年——但真正的世界比这辽阔得多。如果没有科学的帮助，那么我们永远看不见以毫秒和千年为单位的世界，只能困在目前这个狭小的中间地带里。计算机之所以功能强大，甚至有神秘感，也是因为我们有这种需要。计算机能在极短的时间内处理大量数据，所以它们能在瞬息之间完成非常复杂的任务。计算机的速度还在持续提升，但我们对此却没有直观的感受，因为对人类来说，百万分之一秒和十亿分之一秒并无区别，全都快得无法分辨。不过，即便如此也不能抹杀二者之间的巨大差距。

观察的时间尺度决定了你看到的景象。要理解这样的相对性，我们不妨比较一下雨滴和山：前者速度极快，而后者基本纹丝不动。

一颗较大的雨滴能在1秒内坠落6米，大约相当于两层楼的高度。在这1秒之内发生了什么？雨滴由大量互相推挤碰撞的水分子组成，每个水分子都会和别的水分子抱团，而外面总有力量想拆散它们。

正如我们在第2章中看到的，一个水分子由一个氧原子和两个氢原子组成，两个氢原子分别位于氧原子两侧，三者组成V形。水滴由数十亿个完全相同的水分子组成，每个水分子都在这个松散的网络中不停地跳跃、压缩、拉伸。在这1秒钟里，某个分子可能会跳跃2000亿次。运动到边缘的分子会发现外面没有任何力量可以抗衡水分子之间的吸引，所以它还会被拉回雨滴中央。漫画中常见的雨滴形状完全出自想象：现实中的雨滴可能形状各异，但绝不会有尖角。雨滴边缘的任何尖角都会被迅速抹平，因为单个分子根本无法对抗整颗雨滴的拉力。不过，尽管这种向内的拉力非常强大，但雨滴的形状永远不可能达到完美，因为在空气阻力的影响下，它必须不断地调整自己。雨滴可能会被压扁，不过它很快就会回弹，过度的回弹可能把它拉成橄榄球的形状，然后再次被压扁，这个过程在 1 秒之内可能会重复 170 次。试图扯碎雨滴的外力和它内部的引力来回撕扯，雨滴的形状也随之不断变化。有时候，坠落到薄饼上的雨滴会在瞬间被压扁，然后它会扩散成一层薄薄的伞面，最后化为无数细小的水滴。这一切都发生在 1 秒以内。虽然我们看不见，但雨滴在眨眼之间就会变化数十亿次。最后，这一滴雨溅落在裸露的岩石上，观察的时间尺度也随之改变。

　　这是一块花岗岩，自人类诞生以来它就没有动过，也不曾有过任何变化。但在 4 亿年前，南半球曾经矗立着一座巨大的火山，来自地底深处的岩浆挤进火山岩的缝隙之中，接下来的漫长岁月里，这些岩浆逐渐冷却下来，慢慢分离，形成各种晶体，最后变成了坚不可摧的花岗岩。时间继续流逝，宏伟嶙峋的岩山经受了冰川期的摧残，植物、冰雪和风雨不断侵蚀打磨着它的形状。火山逐渐被削平，在这个过程中，它也在不断移动。一场剧烈的爆炸之后，这一大块土地开始慢慢漂向北方。地质年代变迁，物种兴亡交替，看不见的力量支配着地球表面板块的聚散。时至今日，这颗行星的生命已经走过了 1/10，那座曾经剧烈活动的火山变成了凄凉的遗迹，原本埋藏在地底深处的岩石暴露在光天化日之下。它就是本尼维斯山，不列颠群岛的最高峰。

　　单独观察雨滴和山的时候，你很难发现任何变化。但这只是因为我们对时间的感知能力有限，不是因为它们真的一成不变。

　　我们生活在时间尺度的中间地带，所以有时候，你很难认真去思考这个尺度以外的事情。这里要说的不光是"现在"与"过去"的区别，还包括"现在"这个词的确切定义：它可以指此时此刻，也可以指最近几年。极快和极慢的事件需要的观察视角当然大相径庭，但这样的区别与事物发生变化的方式无关，只与变化的速度有关。还有，变化的"结果"是什么呢？所谓的"结果"通常指的是某种平衡的状态。如果没有外力作用，事物将永远保持原有状态，因为它没有变化的理由。最后，没有力，也没有运动，所有事物达到平衡，整个物理世界终将走向唯一注定的命运：平衡。

船闸和大坝

　　想象一下，某条运河里有一套船闸，人们修建它的理由非常新颖：为了让船从河里爬到山上。这个壮举之所以能实现，是因为船的动力设施可以驱动它逆水而行——但水流的速度不能太快。无论什么船都不能迎着瀑布前进，但在船闸的帮助下，你可以让船爬山。

　　一套船闸由两道闸门组成，这两道门之间会形成一段独立的湖泊。船闸一侧的水位较高，另一侧的水位较低。无论是逆流而上还是顺流而下，在运河上行驶的所有船只都必须通过这两道闸门。我们不妨假设，现在正好有一条船在船闸下游等待。两道闸门之间的初始水位与河流下游的水位相同，此时人们打开下游的闸门，让船逆流而上进入两道闸门之间，然后关闭闸门。接下来，上游的闸门开了一条缝，水开始流进两道闸门之间，这一步非常关键。上游闸门关闭的时候，闸门以上的水无处可去，只能尽量停留在低处以保持平衡。此时上游的水体处于静止状态。但是，一旦闸门打开，上游的水体与下游连通，它立即就会发生变化。突然之间，水有了更好的出路。在重力作用下，水总会往低处流动，我们只需要打开闸门，它就会听从重力的召唤一泻而下。所以，上游河水进入两道闸门之间，托着船只上浮，直至船闸内部水位与上游水位相等。我们什么也不必做，只需要打开那道通往新平衡状态的门。现在，船只已经达到了运河上游水位的高度，等到船闸完全打开，它就可以沿着缓慢流动的运河逆流而上。在它身后，等到闸门再次关闭，一切又恢复了平衡。船闸内部的水将保持原状，因为它无处可去。所有力达到平衡。然后，等到下一艘船从上游进入船闸，人们又会打开下游闸门把水放出去，达到新的平衡。

这个故事告诉我们，通过控制平衡态的位置，我们可以做很多事情。在没有外力干扰的情况下，事物总会自我调整到平衡态，然后停留在这个状态。我们可以通过调整平衡态来达到自己的目的。但我们需要先了解其中的规则，才能保证一切尽在掌握。

物理学的世界总是趋于平衡：冷热不均的液体总会充分混合，直至温度均衡；气球总会膨胀，直至内外压力相等。这个判断与时间的单向流动息息相关。世界不可能倒退，水永远不会倒流，这意味着你只需要观察各个系统如何趋于平衡，就能判断哪边是前，哪边是后。靠蛮力推动事物需要消耗许多能量，相比之下，设法调整平衡的速度要省力得多，而且通常很管用。

胡佛水坝可能是 20 世纪规模最大的民用工程项目。从拉斯维加斯驱车前往水坝的路上，你将经过一片裸露的红色岩原。只有水的蓝色反光偶尔会在沙漠中央一闪而过，提醒你附近可能藏着某些非同寻常的东西。然后，你转了个弯，那个重达 750 万吨的庞然大物突然出现在你眼前，楔形的巨大水泥构造嵌在崎岖的山体之间。

100 年前，科罗拉多河曾在狭窄的河谷中无拘无束地流淌。来自上游落基山脉和东部广阔平原的雨水沿着一道道山谷汇入加利福尼亚湾。困扰下游农民和城市居民的不是水量——水量总是充足的——而是这些水到来的时机。春天，汹涌的洪水会横扫大片土地，可是到了秋天，河道里只剩下可怜的涓涓细流，完全无法满足日益增长的人口的用水需求。水的起源地和入海口总是固定不变的，农民和市民真正需要控制的是河水到达某地的具体时间，[1] 最重要的是阻止大量的水在短时间内积累。于是，人们修建了这座大坝。

来自落基山和大峡谷的河水现在全部汇入了大坝上游的米德湖巨型水库。它们无处可去，至少暂时如此。最重要的是，这些水停留在高处，因为它们无法继续向下流动。1930 年，大峡谷里的一滴水可能要下降 150 米才会停止运动，但在 1935 年大坝竣工以后，一滴水在离谷底 150 米的高度就能达到平衡态。最了不起的一点是，我们不需要消耗任何能量就能让它停留在这里，我们只需要精心构筑屏障，阻止它流向别的地方。我们将它固定在了人类创造出来的平衡态里。

当然，我们也可以让它去往别处。人类可以通过大坝控制河流，调整科罗拉多河下游的流量，让这一带不再有洪水和断流。除此以外，还有其他好处。水流通过大坝时产生的巨大力量可以用来发电。在美国西南部的这片不毛之地里，这些水支持了数十万人的工作和生活。

人们修建胡佛水坝是为了控制水流的时机，但它背后的原理还有更广泛的用途，绝不仅仅局限于治水。要收集能源，我们惯常的做法是在能源流动的路径上设置障碍。物理世界总是趋向于平衡，但有时候我们可以控制最近的平衡态的位置，以及事物达到这个平衡态的速度。控制了能量的流动，也就控制了释放能量的时机。然后，我们设法让能量通过人工设置的障碍流向平衡态，并在这个过程中对它加以利用。我们既不创造能量也不毁灭能量，我们只会改变它流动的方向和速度。

和古代文明一样，我们也面临着资源有限的问题。植物形成的化石燃料能量实际上来自太阳，要是没有植物的转化，这些能量只能变成无法利用的

---

1 刚刚搬到美国西南部的时候，我总是忍不住好奇地念叨，想知道在这么干旱的地方，水到底是从哪儿来的。马克·赖斯纳（Marc Reisner）的著作《凯迪拉克沙漠》（Cadillac Desert）解答了我这方面的很多问题，也讲述了本地供水之战背后的精彩故事，我非常推崇这本书。就在我写下这段话的时候，加利福尼亚州的旱灾正在肆虐，要解决这个问题，我们必须做出一些艰难的决策，这件事刻不容缓。

微弱热量，就像流入平原的水一样。化石燃料像一座大坝，它将能量截留在临时的平衡态中。我们把这些燃料挖出来，对它进行适当的催化，为能量提供一条通往另一种平衡态的路径（以火焰和化学将燃料转化为二氧化碳和水），从而控制了能量释放的时机。我们面临的问题是，化石燃料中储存的"上游"资源只有这么多，近年来我们已经释放了亿万年来积攒的大量能量。化石燃料的宝库日渐枯竭，重新补充库存需要亿万年的时间。所以现在，我们正在努力开发各种各样的可再生能源，胡佛水坝的水电站就是一例，尽管从本质上说，这些能量的源头都是太阳能。我们的文明面临的挑战自始至终不曾改变：如何有效地保存和重启能量流，在尽量不改变世界的前提下办成尽可能多的事情。

下次当你打开某件由电池驱动的设备时，请记住，按下开关的时候，你实际上是在选择能量从电池中释放的时机，引导能量进入设备电路，帮助你去做有用的事情。完成任务以后，能量会以热的形式释放，这是它唯一的归宿。世界上的所有开关作用完全相同，它们控制着流动的时机，而流动总是趋于平衡。不同的流速也会带来不同的结果。在这里，时间很重要，因为它只有一个方向。我们通过选择时机和速度来掌控世界。但有时候，事物在达到平衡后不会停下来。如果一切发生得很快，那么平衡可能会再次被打破，这将引发一系列新的现象，甚至会造成问题。

晃动的茶水和喘息的狗

在工作日里，我一定会安排好下午茶时间。但最近我发现，哪怕倒一杯茶也会拖慢我的脚步，这不仅仅是因为烧水需要时间。我在伦敦大学学院（University College London）的办公室位于一条长走廊的尽头，而茶水间在走廊另一头。端着满满一杯茶缓步走回办公室是我一天中最慢的时刻（正常情况下，我工作时的步调总是介于"小跑"和"冲刺"之间）。这并不是因为杯子里的茶倒得太满，而是因为水面会晃。你每走一步，水面都会荡漾得更厉害。任何有理智的人都会觉得放慢脚步是个合理的解决方案，但物理学家就会做个实验，看看这到底是不是唯一的解决方案。你永远不知道自己可能发现什么。我至少要尝试一下才能甘心接受看似一目了然的结果。

如果你把水装进一个杯子里，然后把杯子放在平坦的表面上，轻轻推它一下，水面立即就会开始荡漾。实际发生的事情是这样的：当你推动杯子的时候，杯子动了，水却停留在原地，所以水面会沿着被你推动的杯壁上升。现在，杯子里一侧的水面高于另一侧，重力会促使水往低处流，所以另一侧的水面也被抬了起来。有那么一个瞬间，杯子里的水恢复了水平，但它没有理由停止运动，于是水继续涌向另一侧。重力总会把水从高处拉向低处，但它需要一点时间才能让水静止下来，等到水停止运动，这一侧的水面又比原来那侧更高，于是运动再次开始。如果放置杯子的表面足够平坦，那么荡漾的水面会逐渐平息下来，杯子里的水恢复平衡。但要是你一直在带着杯子走动，那就是另一回事了。

问题就在于晃动的频率。如果换几个大小不同的杯子来做同样的实验，你会发现水面荡漾的方式大体相同，但小杯子里的水晃得快，大杯子里的水晃得慢。无论你最初施加的推力有多大，同一个杯子里的水每秒荡漾的次数总是相同的，杯子的直径是水体荡漾频率最重要的影响因素。

向下的重力始终趋向于让一切恢复平衡，而液体的运动速度总在水面刚刚越过平衡位置时达到最大值，这二者之间存在冲突。如果杯子比较大，那么运动的液体就更多，行程更长，每次晃动需要的时间也就越多。每个杯子里的水都有独特的摇晃频率，也就是杯子的固有频率。如果你只是施加一个最初的推力，然后任由它自行恢复平衡，那么你总会得到同一个频率。

　　我在办公室里摆弄了一会儿大大小小的杯子。有个印着牛顿头像的小杯子直径只有 4 厘米，这个杯子里的水每秒大约会摇晃 5 个来回；最大的杯子直径约 10 厘米，它每秒只会摇晃 3 次。这个大杯子很便宜，而且又旧又难看，不讨人喜欢。但我一直留着它，因为有时候你就是需要一大杯茶。

　　当我端着满满的茶杯离开茶水间，沿着走廊快速走了几步以后，杯子里的水开始晃了。要是我不想把茶弄洒，那我就不能让它晃得太厉害。这真是个难题。在我行走的时候，杯子难免会发生轻微的摇晃，要是这个摇晃的频率正好契合杯子的固有频率，那么水面荡漾的幅度就会越来越大。这就像和孩子一起玩秋千，要是你推动秋千的节奏正好契合秋千摆动的频率，那么秋千就会越荡越高。杯子里的茶也一样。这种现象叫作"共振"。外界的推力越接近荡漾的固有频率，茶就越容易洒出来。所有渴得要命的人都面临着一个共同的难题：人类行走造成的晃动，其频率恰好就和普通杯子的固有频率相当接近。你走得越快，就越契合杯子的固有频率。这套系统简直就是逼着我放慢脚步，虽然实际上这只是个烦人的巧合。

　　于是我们发现，这个问题没有圆满的解决方案。要是我改用小杯子，那么相对于我走路的速度来说，它的固有频率实在太快，所以水面荡漾的幅度不会越来越大，茶也很难洒出来，但那么一点点茶根本不够我喝。可要是改用更大的杯子，我习惯的步调就和它的固有频率非常接近，走不出三步，茶必然会洒。唯一的办法就是放慢脚步，让我的步调变得远低于杯子的固有频率。[1] 我很高兴自己进行了这番尝试，但这件事告诉我们，你奈何不了依赖于时间的物理现象。

　　一切摇晃（振动）的物体都有自己的固有频率。固有频率由物体本身的

---

[1] 实际上还有个办法：改喝卡布其诺。液体上方的泡沫层会有效抑制水面的晃动，所以带有泡沫的饮品更不容易洒。同样的道理也适用于酒吧。啤酒鉴赏家们或许不喜欢太厚的泡沫，但至少泡沫能预防杯子里的酒洒出来。

特性决定，与外界推力、运动速度等因素无关。荡秋千的孩子就是个例子，类似的例子还有钟摆、节拍器、摇椅和音叉。如果你背的购物袋摇晃的频率似乎和你的脚步不太合拍，那只是因为它的固有频率和你的步调有所差别。大钟的声音低沉，因为较大的尺寸决定了它们需要更长的时间来完成挤压—拉伸—挤压的循环，所以大钟的声音频率更低。我们可以通过聆听来大致判断物体的尺寸，这是因为尺寸会影响物体振动的频率。

这些特殊的时间尺度对我们来说真的都很重要，因为我们可以利用这些知识控制世界。要想抑制振幅，你在施加推力时就必须错开物体的固有频率。这就是茶杯的游戏。但是，要想不费力气地助推一把，就得顺应物体的固有频率。窥破天机的不仅仅是人类，狗也会利用这一点。

小狗因卡专心致志地盯着网球，就像等待发令枪打响的短跑运动员。我把网球放在塑胶棒上甩出去，它立即紧张起来。下一个瞬间，网球从它头顶飞过，因卡跟在后面轻盈地蹿了出去，仿佛拥有无穷无尽的精力。小狗在茂盛的草地上高兴地追逐网球，我和它的主人坎贝尔聊了会儿天。因卡没有把网球叼回来，因为它嘴里已经有一个球了（显然，小猎犬就是这德行），不过追上球以后，它一直警惕地守在旁边，直到我们追上去取出它嘴里的网球，然后把球再次丢了出去。不停地追逐了半个小时以后，因卡终于快活地摇着尾巴坐了下来，气喘吁吁地抬头望向我们。

我跪下来摸了摸它的背。跑了这么半天，因卡浑身发烫。它没有出汗，因为狗不会出汗，但它仍然需要排出多余的热量。它张开嘴巴不停喘气，看起来相当辛苦，似乎需要消耗大量能量，进而产生更多的热，这好像有点自相矛盾。我的思绪丝毫没有影响因卡，有人摸它的背，它看起来倒是很开心，一串唾液从它大张的嘴巴边上流了下来。每次跑完步，我的呼吸总要过上好一会儿才能平静下来，但因卡很快就不再大口喘气。面对那双棕色的大眼睛，我不由得好奇：在重新开始追逐网球之前，它需要多少休息时间？

目前据我们所知，蒸发水分是最有效的散热方式，所以人类才会出汗。液态水转化为气态会带走大量能量，蒸发形成的气体还会自行飘走，不留任何痕迹。因为狗不会流汗，所以它们无法在皮肤上产生可蒸发的水，但它们的鼻腔内部却很湿润。狗大口喘气，尽可能地排出鼻腔里的湿润空气，这就是它们快速散热的方式。好像是为了证明这一点，因卡很快又开始大口喘气了。我数了一下，它大约每秒钟会喘 3 次，看起来的确很辛苦。但狗狗真正聪明的地方在于，它们喘气的时候其实不怎么费劲。

因卡的肺仿佛处在振动中，对于小狗来说，1 秒钟呼吸 3 次效率最高，因为这正是它的肺的固有频率。吸气时肺壁扩张，片刻之后肺壁回弹，如此周而复始。因卡只需要一点力气，就能让肺恢复原有尺寸，接着进行下一轮喘息。不利的一面在于，在这么快的呼吸频率下，因卡的肺无法彻底完成与外界的气体交换，所以实际上它得不到多少额外的氧气。因此，它不会一直这样剧烈喘气。不过此时此刻，散热需求暂时抑制了它对氧气的需求，所以因卡大口喘气，让自己的呼吸频率贴近肺的固有频率，同时尽量通过鼻子吸入更多空气。相对于散发掉的热量而言，喘气产生的热量少得可以忽略不计。它通过鼻子吸气，同时张大嘴巴，因为滴落的口水也有冷却作用，唾液蒸发也能辅助散热。现在因卡已经不再大口喘气了，它盯上了扔在一边的网球。只消一个眼神，训练有素的因卡就已心领神会，游戏再次开始了。

形状和材质都会影响物体的固有频率，不过最重要的影响因素是物体的尺寸。体形较小的狗喘气的速度更快，因为它们的肺更小，固有频率更高。对于体形较小的动物来说，喘气是一种相当高效的散热方式。体形越大，喘气散热的效率就越低，可能正因如此，大型动物普遍通过出汗来散热，尤其是那些没有毛的动物，比如我们人类。

●

　　每件物体都有自己的固有频率。振动的模式不止一种，同一件物品通常拥有多个固有频率。物体越大，它的固有频率就越低。你可能需要花费很大的力气才能推动一个巨大的物体，但就连建筑物也会振动，只不过它们的振动非常非常缓慢。事实上，建筑物有些类似节拍器，或者倒过来的钟摆——它的地基是固定的，但顶部会摆动。高处的风总比地面来得猛烈，有时候风的力量足以晃动细高的建筑物，甚至能达到它们的固有频率。如果你曾在大风天待在高层建筑里，你或许体验过这样的晃动。建筑物摇晃的循环周期可能长达几秒，待在里面的人难免会感到不安，所以建筑师花了很多时间来研究如何抑制这样的摇晃。他们不可能让大楼完全不晃，但可以改变建筑物的固有频率和柔韧性，尽量减轻摇晃。如果你感觉脚下的楼正在晃，不要担心——这样的晃动在设计允许的范围内，楼不会塌的。

　　风或许时强时弱，但它摇晃建筑物的节奏不太可能正好等于大楼的固有频率，所以楼体摇晃的幅度不会太大。但地震带来的振动又是另一回事了，强烈的地震波从震中出发，如涟漪般向外扩散，缓慢地摇撼大地。高耸的建筑物遇到地震时又会发生什么？

墨西哥城和台北 101 大厦

　　1985 年 9 月 19 日清晨，墨西哥城开始摇晃。350 千米外，几大构造板块在太平洋边缘挤压碰撞，带来了一场里氏 8.0 级的大地震。墨西哥城摇晃了三四分钟，地震撕裂了这座城市。根据估算，有 10000 人在地震中丧生，城市的基础设施也遭到了严重的破坏。恢复重建耗费了数年之久。美国国家标准局（U.S. National Bureau of Standards）和美国地质勘探局（U.S. Geological Survey）派遣了四位工程师和一位地震学家前去调查损失情况。他们发回的详细报告表明，最惨重的损失源自巧合带来的共振。

墨西哥城矗立在湖床的沉积物上，下面是坚硬的岩石盆地。科学家们在地震监控设备上看到了一道十分规律的波，完全不像地震带来的杂乱波形。我们发现，湖底沉积物的地质构造赋予了它特殊的固有频率，恰好和 350 千米外传来的地震波产生了共振。整个湖床以几乎完全一致的频率摇晃，宛如一个整体。

这已经够糟糕了，但在深入调查具体损失的时候，工程师还发现，大多数倒塌或严重受损的建筑物高度都介于 5 层和 20 层之间。很多更高和更矮的建筑物都不受影响。人们最后计算得出，地震的频率差不多契合中等大小建筑物的固有频率。地震以恰到好处的频率持续了一段时间，这些建筑就像音叉一样振动起来，无一幸免。

近年来，建筑师越发关注如何控制建筑物的固有频率。为了解决这个问题，人们有时候甚至会采用非常隆重的方式。中国台湾的台北 101 大厦修建于 2004 年至 2010 年，这幢高达 509 米的大楼是世界上最高的建筑物 [1]，楼里最引人注目的无疑是 87 楼到 92 楼的观景区。在这里可以看到大楼的一个中空区域，里面装着一个重达 660 吨的金色球摆，看起来美丽而怪异，但它非常实用。

这个大球不是什么古怪的装置艺术，而是帮助大楼抵抗地震的安全设施，它的学名叫作"调谐质块阻尼器"。台湾地区地震频发，一旦发生地震，大楼和金球会各自独立地摇晃。开始，大楼向一侧倾斜，带动金球运动，但是等到金球自己动起来，大楼已经开始向反方向运动。这样周而复始，二者的

---

1 此数据已经过时，目前全球最高的大楼是 828 米的迪拜哈里发塔，但这个数据更新极快，随时可能变化。——译者

运动方向始终相反，可以有所抵消。这个大球能向任意方向移动 1.5 米，它能将大楼的晃动减少 40%。[1] 要是大楼完全不动，里面的人会感觉舒适得多。但地震会打破建筑物的平衡态，让它不得不晃动。建筑师无法阻止大楼晃动，只能尽量抑制晃动的程度。大楼里的人别无选择，只能坐在来回摇晃的高楼里安心等待，直到地震能量耗尽，一切重新平静下来。

●

物理世界总会趋向于平衡态，这是一条基本的物理学定律，人们称之为"热力学第二定律"。但这条定律并没有描述事物达到平衡需要多少时间。任何能量的注入都会促使事物偏离平衡，开始寻找新的平衡。生命之所以会存在，是因为生物总会利用这个原理来控制事物走向平衡的时间，从而掌握能量的去向。

就算住在大城市里，你的生活中也一定会有各种植物。透过厨房的窗户，我能看到明亮的阳光照耀着露台上的生菜苗、草莓等各种草本植物。木质地板会吸收直射的阳光并将之转化为热量，这些热量最终又会通过空气和建筑物流向别处。平衡来得很快，在这个过程中，一切都是那么顺理成章。

但洒在香菜叶子上的阳光却有不同的遭遇，它闯进了一间工厂。这些阳光不会直接转化成热量，而是以能量的形式服务于光合作用。植物利用阳光打破了叶子里某些物质的平衡态，通过这种方式将能量储存在自己体内。植物截断了能量流向平衡态的最短路径，然后开始分步利用这些能量。它们生出了类似化学电池的物质，利用这些物质将二氧化碳和水转化成糖。它们仿佛拥有一条流淌着能量的运河，河道情况异常复杂，有船闸，有交叉口，也有瀑布和水车。控制了能量流经每段河道的速度，就可以控制这里的所有能

---

1 巨大的金球下方还有两个较小的副摆，可以辅助它完成职责。

量。河道并非畅通无阻，能量也无法一下子从起点流到终点，而是会沿途帮助植物制造复杂的分子。这个过程并不平衡，但植物可以把能量临时储存起来，然后开启通往平衡之路的下一个步骤，如此稳步推进。只要有阳光照在香菜叶子上，它就会为这间欣欣向荣的工厂提供动力。不断注入的能量推动着不断变化的目标，但系统始终向着平衡态前进。最后我吃掉了那棵香菜，于是这部分能量又注入了我的系统。这些能量推动我的身体偏离平衡，只要我还在进食，平衡就无法恢复。不过我可以选择在什么时间进食，我的身体也可以选择在什么时候使用这些能量，这就是我们体内的"船闸"。

这颗星球上的生命如此繁多，然而直到今天我们仍无法准确定义"生命"。我们可以凭直觉判断某样东西有没有生命，但若是想用某个简单的规则来定义这个概念，那就总免不了会有一两个例外。生命必须能够维持某个不平衡的状态，并利用这种状态来支持复杂的分子工厂，最终借此完成自我复制和演化。生命能够控制能量在自身系统中流动的速度，它通过控制能量流来维持自身的存在。从这个角度来说，处于平衡态的事物一定不是活的。这意味着"不平衡"的概念构成了当代两大谜团的基石：生命从何而来？宇宙中的其他地方有生命吗？

目前，科学家认为，生命或许诞生在 37 亿年前的深海热泉之中。这些热泉喷发温暖的碱性水，外面则是温度较低的弱酸性海水。两种水在热泉的出口混合，达到平衡，最早的生命可能就诞生在走向平衡的过程中。这里仿佛有一道船闸，趋于平衡的流改变了方向，构建出最早的生物分子。接着，第一道"关卡"演化成了细胞膜，它是所有细胞与外界之间的城墙，墙内是生命，而墙外不是。最早的细胞之所以能获得成功，是因为它暂时延缓了平衡态的到来，并由此打开了通往繁复美丽的生物世界的大门。或许其他星球上也会发生同样的事情。

宇宙中的其他地方很可能也存在生命。浩渺的太空中有那么多携带行星的恒星，每颗星球各有独特的环境。无论形成的条件多么苛刻，生命一定会在其他地方出现。但地外生命不太可能通过无线电信号和我们打招呼。撇开别的因素不论，宇宙如此广阔，等我们收到信号的时候，发射信号的地外文明可能早已消亡，何况有能力向宇宙发送信号的文明本身就已是凤毛麟角。

夏威夷的冒纳基山顶上矗立着两座望远镜，它们安放在两座巨大的白色圆形建筑里，在山上比邻而立。第一眼看到这两座穹顶的时候，我觉得它们活像是一对凝望宇宙的巨型蛙眼。未来，凯克天文台（Keck Observatory）的巨大眼珠可能会帮助我们捕捉到太阳系外生命的第一缕痕迹。载有地外生命的行星绕着自己的恒星转动，恒星的光穿过大气，会在光谱中留下独特的"指纹"。凯克天文台的望远镜捕捉的正是这类指纹，不久后它们也许就能探测遥远行星的大气成分，比如，大气里是否有过多的氧或者过多的甲烷……这些失衡的迹象可能意味着该行星存在生命。我们也许永远无法确定，但这至少是人类有史以来想出的最可靠的寻找地外生命的方法：世界总会趋于平衡，如果能够确定它走向平衡的速度遭到了外力干预，这方面的证据或许会帮助我们找到正在演化的生命。

第 5 章

涟漪的故事

- 从水波到无线网络 -

浪花

去海滩上玩的时候，谁也不会长时间背对大海，否则就会感觉很不对头。我们不愿错过壮丽的海景，希望看到起伏的海浪。海水不知疲倦地拍打海岸，这景象总会让人莫名地感到心安，大海与陆地的交界在这个过程中不断变化。

住在加州拉荷亚海滩附近的时候，漫长的一天结束后，我最享受的事情就是沿着海滩漫步，坐在岩石上欣赏夕阳下的海浪。只要离开岸边 100 米，海浪的起伏就已变得轻柔绵长，几乎算得上波澜不兴。离海岸线越近，浪头就越高越猛，最后几乎是恶狠狠地砸在沙滩上。每一波海浪都是全新的，这样的景象我可以不厌其烦地看上好几个小时。

我们都认识波浪，但真要描述它的话，似乎又不那么容易。海岸边的波浪是水面上一串串起伏不定的"凸起"，它们翻涌不息，从一个地方涌向另一个地方。我们可以观察两道海浪之间的距离和浪峰本身的高度，借此来描述这些波的特征。小的水波是你想把茶吹凉时激起的涟漪，而大的水波足以盖过一艘船。

不过，所有波浪都拥有一个奇怪的特征，在拉荷亚，鹈鹕让我们清晰地看到了这一点。拉荷亚的海岸边生活着大量褐鹈鹕，这些鸟儿的外形颇具古风，让人不由得怀疑它们是从几百万年前穿越虫洞飞到这里来的。褐鹈鹕的喙长得惊人，而且总是紧贴身体折叠起来。人们常常看见这些奇怪的鸟儿在海浪上空，沿着和海岸平行的方向飞翔，有时候它们还会收起翅膀降落到海面上。有趣的地方就在这里：尽管鹈鹕脚下的波浪永不停歇地涌向海边，它们的身体却会一直停留在原来的位置。

下次去海边欣赏滚滚而来的浪花时，你不妨仔细观察一下海面上的海鸟。[1] 快活的鸟儿随着浪潮的波动在海面上起起伏伏，尽管海浪来了又去，海鸟的位置却不会挪动分毫。[2] 这个现象告诉我们，形成波浪的海水其实停留在原地没有动过。运动的是波浪，而不是形成波的"物质"——水。波不可能是静态的，它本质上是介质形态的变化，所以波总在运动。波携带能量（水形成波，然后恢复原状，这两种过程都需要消耗能量），但不会携带"物质"。波能够传输能量，有周期性变化。坐在海边凝望海浪会让我觉得心旷神怡，这也是原因之一：我能看到海浪携带着能量不知疲倦地涌向岸边，但水本身却亘古不变。

波有很多种，但无论哪种波都符合一些基本的原理。海豚发出的声波、石子激起的水波和遥远恒星释放的波有很多共通之处。近年来，我们渐渐不再满足于接受自然界的波，转而开始尝试自己制造复杂而精妙的波，将我们的文明中散落的各种元素连缀起来。不过，人类有意识地利用波来巩固文化联系并不是什么新鲜事。早在几百年前，有人就在大洋中做过这种尝试。

国王在大海上冲浪，这一幕听起来像是某个怪梦里的片段。但在 250 年前的夏威夷，国王、王后、酋长都拥有自己的冲浪板，皇家成员在这项国民运动上的实力彰显着统治者的威严。窄长的欧罗冲浪板（Olo）专属于贵族，平民只能用更短、更易操纵的阿拉亚板（Alaia）。当地人常常举行冲浪大赛，比赛中的戏剧性事件为夏威夷诸多传说故事提供了素材。[3] 在一座被蔚蓝深海环绕的热带岛屿上，构建以水上运动为核心的文化听起来顺理成章，而夏威夷的冲浪先驱们还拥有另一个优越条件：得天独厚的海浪。这座小岛坐落在广袤大洋的中央，位置刚刚好。夏威夷岛从地质和物理两个层面过滤掉了

---

1 我在海边还有个意外发现：要是你想跟鸟类爱好者搭讪，不妨随口问问他们海鸥的事情。鸥是个庞大的家族，其中部分物种生活在海里或者海边，但实际上没有任何一种鸟儿名叫"海鸥"。真正的鸟类爱好者要么花好几个小时来跟你解释这件事，要么干脆对你嗤之以鼻。
2 如果有机会从侧面观察，你会发现它们实际上是在海面上绕小圈。重点在于，海鸟不会真的跟着海浪移动。
3 太平洋的其他岛民（尤其是大溪地人）也有冲浪板。不过，那块小小的板子似乎只是他们在水上坐卧的工具。夏威夷人率先想出了站在板子上迎风破浪的运动方式，也就是今天我们熟知的"冲浪"。

大洋的复杂水文环境，形成了可供国王和王后愉快冲浪的完美海域。

夏威夷人望着无风无浪的平静海面，祈祷适合驾驭的中等海浪快快到来；与此同时，数千千米外的另一片大洋景色却截然不同。猛烈的风暴拍打着海面，激荡的能量推动海水上升形成巨浪。风暴中的波浪非常复杂，它们的波长（两道波峰之间的距离）有长有短，运动的方向也各不相同。这些海浪不断破碎、重构，时时刻刻互相推挤撕扯。在纬度约为 45°的区域，冬季风暴十分常见，所以在北半球的冬天，风暴常常会在夏威夷以北的海域肆虐。而在南半球的冬天，夏威夷也是风暴望而却步的边界。

但海浪不会止步，就算风暴已经平息，海面也没那么容易平静下来，起伏的海浪越过风暴边缘，传向远处宁静的海域。在这里，奇妙的事情发生了。看似杂乱无章的浪潮渐渐露出了本质——它们绝非全无规律的一片混沌，而是叠加到一起的各不相同的波。波长较长的海浪传播速度快，把波长较短的兄弟们远远地甩在了后面。但它们在途中也需要付出代价，能量会慢慢散入周围的环境中。海浪的波长越短，每前进 1 千米需要付出的代价就越大。波长较短的海浪不仅跑不快，还会失去能量，所以很快就会彻底消失。风暴结束几天之后，海浪传到数千千米以外，只有长波残留了下来。它们有规律地轻柔起伏，来到了这颗星球的各个地方。

因此，夏威夷的第一个优势在于，它远离主要的风暴区，大部分海浪传到这里时都只剩下轻柔和缓的长波。第二个优势是，太平洋很深，夏威夷群岛的火山又很陡峭，海浪在广袤的洋面上毫无阻碍地传播，最后一头撞上群岛周围陡峭的斜坡。接下来，原本散布在深水中的能量陡然集中到浅水中，海浪必然会变得更高。在离海滩很近的地方，动作迟缓的怪兽铆足力气，变身成激荡的大浪，义无反顾地扑向完美的沙滩。就在这些海浪拍碎在沙滩上的时候，国王和王后准备好了冲浪板。

水波大概是绝大多数人认识的第一种波。我们都知道鸭子是如何在水波中嬉戏的，容易思考和理解其中的物理学知识。波有无数种，都遵循一些共同的规律。每一道波都有一定的波长，即相邻波峰之间的长度。因为波总在运动，所以它还拥有频率，也就是一秒内循环（从波峰到波谷再到波峰）的次数。除此以外，所有波都拥有速度，某些波（例如水波）的传播速度与波长有关。大多数波都在这个问题上让我们困惑：我们看不到波动的到底是什么？比如，在空气中传播的声音是一种压缩波，在这里，声波传递的不是"形"，而是"力"。最难想象的波其实是最常见的光波，它和电磁场联系密切。我们虽然看不到电和磁，但却能看到无处不在的光波造成的各种效果。[1]

　　波之所以这么有趣而实用，原因之一是，它常常为传播环境发生改变。被我们看到、听到、探测到的每一道波都是一座信息的宝藏，藏着它的来处，还有它途经的地方。这些信息可以由几个相对简洁的参数来表示。在波的传播中，最常见的三件事是反射、折射和吸收。

银色鲱鱼和杯中硬币

　　在超市里路过鱼类柜台的时候，你不妨看看他们都卖哪些鱼。映入你眼帘的很可能是一片闪闪的银光，只有少数几种例外：红鲣鱼和红鲷鱼之类的热带鱼，还有龙利鱼和比目鱼之类的底栖鱼类。不过，鱼类柜台的货品主要是开放海域中成群游荡的那些物种，包括鲱鱼、沙丁鱼和鲭鱼。

　　银色的有趣之处在于，它实际上不是一种颜色，人们只是用这个词来形容某些物体的反光效果。所有波都能被反射，而且几乎所有材料都会反射一

---

1 光属于波的特性显而易见。人们设计了一个巧妙的实验来测量地球绕日公转轨道，并由此揭示了光最反直觉的一种特性：光波中没有任何波动的"物质"。它实际上是在电磁场中传播的一种扰动。这个实验名叫迈克尔逊 - 莫雷实验（Michelson-Morley experiment），它一直是我最爱的科学实验，因为它的设计者以简洁而优雅的方式利用整颗行星验证了一个假说。

些光。银色的特殊之处在于，它会无差别地反射所有光，不管光的颜色如何。抛光的金属很擅长这样无差别的反射，这种特性相当实用。光的入射角和反射角相等。去看看镜子里的世界，你会发现一切都是真实世界的等比例左右颠倒。这正是因为一切投到镜子上的光全都以同样的角度反射了出去。

金属抛光很难达到这样的效果，所以镜子在人类历史上曾是昂贵的奢侈品。而鱼天生就是银色的，这是为什么呢？鱼甚至无法利用金属。要呈现出银色，它们必须用生物分子构建出全反射表面。这项工作相当复杂，所以在演化中也必然是个昂贵的选项。如果你是一条鲱鱼，你为什么要费这个劲呢？

鲱鱼在海里成群结队地游荡，捕食虾之类的小型生物，同时躲避各种各样的大型食肉动物，比如海豚、金枪鱼、鳕鱼、鲸和海狮。但海洋如此辽阔而空旷，有时候你根本无处躲藏。唯一的办法是"隐身"，或者借助自然条件尽可能地伪装自己。既然如此，鱼能不能变成大海的蓝色？问题是，不同时间的光线和水里的物质都会影响海水的颜色，海水的蓝色实际上总在变。而为了保命，鲱鱼必须时时刻刻融入周围的背景。所以它们把自己变成了游动的镜子，因为无论是在鱼群的前方还是后方，大海总是一样空旷。这些鱼能反射 90% 的光，就像高品质的铝镜一样。反射的光波会传到潜在掠食者的眼睛里，这就是鲱鱼的光盾。

不过很多时候，光并不会发生完美的全反射。更常见的情况是，某件物体只会反射一部分光。要是你想分辨两件并排放置的物品，这一点就很有用了。那个反射蓝光的是我的茶杯，而反射红光的是我妹妹的杯子。反射什么光由反射面决定。不过，波在遇到分界线时不仅仅会发生反射，折射会以一种更微妙的方式改变光的传播路径。

夏威夷女王伫立在悬崖上俯视海滨、欣赏海浪的时候，她也许会发现，尽管翻涌的海浪来自四面八方，可是当它们到达海滩的时候，几乎所有海浪都变得平行于海岸了。无论海滩朝向何方，绝不会有侧着撞上来的海浪。这是因为水波的速度取决于水的深度，较深处的波传播速度更快。想象一片长而直的海滩遇上了一道微微向左倾斜的波浪。右侧的波峰离岸较远，处在更深的大海中，所以传播的速度更快。很快右侧海浪就会追上左边的伙伴，整道海浪在传向岸边的过程中顺时针转动了一点。等到海浪在沙滩上拍碎的时候，它已经完全平行于海岸了。通过改变部分区域的波峰相对于其余部分的运动速度，我们可以调整波的传播方向，这就是折射。

改变水波的速度还比较容易想象，那光波呢？物理学家们总爱念叨"光速"，光的传播速度快得不可思议，这个参数在爱因斯坦最著名的遗产——狭义相对论和广义相对论——中占据着举足轻重的地位。科学界花费了很大力气才让人们逐渐接受了"光速恒定"这个精妙的概念。要是我现在告诉你，实际上你这辈子从没有见过真正以"光速"传播的光，那我就成了派对上的扫兴鬼。就连水也会拖慢光速，你可以自己用硬币和杯子来证明。

将硬币平放在杯底靠近你自己的那一侧，然后慢慢移动身子，直到在你的视线中硬币被杯子边缘遮住。现在你看不到硬币，因为光沿直线传播。在这个角度，硬币反射的光线被杯壁遮挡，无法进入你的眼睛。接下来，不要移动你的头，也不要移动杯子，请你的搭档往杯子里注水。你会发现，随着水位的上升，硬币慢慢重新出现在你眼前。硬币没有移动，但它反射的光在水中改变了方向，进入了你的眼睛。

这个实验直观地展示了在水中减缓的光速。等到光重新进入空气，它的速度又会加快，光波在穿越水和空气的分界面时会偏折一个角度，这种现象我们称之为"折射"。能够折射光线的不仅仅是水，任何介质都会不同程度地拖慢光速。我们平时说的"光速"实际上指的是光在真空中传播的速度，水会让光速下降到真空光速的 75%，对于玻璃而言，这个数字是 66%，而光在钻石中的传播速度只有最高速度的 41%。光速下降得越多，它在该介质与空气的分界面上偏折的角度就越大。钻石比其他大多数宝石闪亮得多，因为它们的折射率远高于其他石头。[1] 正是因为有了光的折射，你才能真正地看到玻璃、水和钻石。这些材料本身是透明的，所以你无法直接看到它们。你看到的是它们反射的光和背景的差异，只是大脑把它阐释成"你看到了这件透明的物品"。

能看到钻石当然不错，对于那些花大钱买钻石的人来说，这一点尤其重要。不过，折射带来的不仅仅是美。了解折射之后，人类磨制了透镜，而透镜打开了科学界另一片广阔天地，人们有了研究微生物和细胞的显微镜、探索宇宙的望远镜，还有能将细节永久保存下来的摄影机。如果光波始终以真空光速传播，那么这些东西都将不复存在。

我们生活的世界里充盈着光波，这些波不断发生反射和折射，在传播过程中减速、加速。就像风暴中陷入混沌的海面一样，不同的光波彼此交叠，在我们周围向四面八方传播。但是我们的眼睛会进行挑选，屏蔽一部分，留下一部分，再由大脑进行解释和演绎，最后形成视觉。站在悬崖上的夏威夷女王利用光波眺望水波，这两种波背后的物理学原理完全相同。

大海的颜色、雷电和烤面包机

只要光进入你的眼睛让你看到了东西，那么它是折射而来还是反射而来的就根本无关紧要。但是，要是这些光根本没有进入你的眼睛呢？

生活中有这么一件古怪的小事：要是你给孩子几支蜡笔，让他们画一幅水从龙头里涌出来的画，那么他们画出来的水总是蓝色的。但实际上，谁也没见过水龙头里流出蓝色的水。自来水是无色透明的。要是你家的自来水有颜色，那你最好请水管工来看看。如果你真的看到水龙头里流出了蓝色的水，

1和很多材料一样，钻石对于不同颜色（波长）光的折射程度也不同，所以钻石也会闪烁色彩斑斓的光芒。

那你肯定不会喝它。但孩子们画出来的水却总是蓝的。

在卫星拍摄的地球照片上，海洋总是一片湛蓝。这并不是因为海水含盐，冰川顶上融化的冰水也会形成湖泊，这些湖里完全没有盐，但它们看起来依然是深邃的蓝色，简直像是有人在冰里加了蓝色的食用色素。但是，等到这些水顺着冰川流下来，和其他融化的冰水混合起来形成细流的时候，它又变成无色的了。决定颜色的不是水的成分，而是水的多少。

射向水面的光波要么被反射回天空中，要么穿透水面传向深处。可是有时候，水里的某些物质，甚至水本身都会阻碍光的传播，让光波发生折射。如果同一束光波被折射的次数够多，那么它可能会绕一个大圈子，最终回到空气里。在这漫长的旅程中，水会过滤光。来自太阳的光有多种不同的波长，它包含着彩虹的所有颜色。但水会吸收光，而且对不同颜色的光吸收率各不相同。最先消失的是红光。大部分红光只能传到水下几米，往下走几十米，黄光和绿光也会相继消失，但蓝光很难被水吸收，它能在水中传播很长距离。因此，光在海洋中传播时，最后留下来的大部分是蓝光。自来水之所以是透明的，是因为水量不够多，不足以让我们看到吸收率的差别。其实自来水的确呈现了某种颜色，这一点和世界上所有的水相同。但这种颜色很淡很淡。你需要大量的水，才能看出光波从中穿过造成的区别。[1]当你真正看到的时候，那景象的确十分壮丽，你会发现，鲜艳的蓝色蜡笔的确是最正确的选择。但你永远无法从水龙头里发现这个秘密。

波在传播过程中可能会被介质吸收。这个损耗的过程非常缓慢，能量一点一滴地流失，损失的大小取决于波的类型和波长。如此巨大的变数意味着波能做很多事情，也能告诉我们很多东西。雷暴是我最喜欢的大气现象，从

---

[1] 某些孩子身边的文化氛围里没有"蓝色的水"这个概念，观察他们选择什么颜色的蜡笔是一件十分有趣的事情。我觉得，我们之所以会觉得水是蓝色的，是因为我们看到过蓝色的大海、地球的卫星照片和清澈见底的游泳池。但某些文化中的人此前一直没见过这些东西，那么他们的孩子会下意识地觉得水就是蓝色的，还是说这完全是一种习得的知识？

雷暴中我们不难观察到这类反差。

震撼天地的雷暴提醒着我们，空气绝不仅仅是天空中看不见的填充物。我们的大气中充满了巨量的水和能量。通常情况下，这些颇有分量的东西只会缓慢而平和地转移。但是，如果舒缓平和的调节已经无法让大气恢复平衡，天空中就会出现黑压压的积雨云。地面附近轻盈的湿暖空气向上推挤冷空气，为后者注入海量能量，戏剧性的变化就此开始。灼热潮湿的空气在云海中快速上升，搅动高处的大气，形成雨滴。最戏剧性的地方在于，这样的搅动会导致带电粒子分离，然后这些粒子又被分配到云层的不同区域。带电粒子不断聚集，直至强大的电流撕裂附近的云层，甚至直接劈向大地，让地面带走多余的电荷。每道闪电的持续时间不足百万分之一秒，但雷声却会经久不息地在天地间回荡。我喜欢电闪雷鸣，不光是因为它们壮丽，也是因为它们揭开了大气运动的秘密。雷暴看起来似乎十分矛盾：闪电耀眼而短暂，雷鸣却低沉而悠长，不过无论是闪电还是雷鸣都展现了波的多姿多彩。

闪电一闪即逝，在大气中产生一条过热通道，从雷暴云通向地面，或者通往另一朵云。通道中充满了能量，在蓝白色闪电划过的刹那，温度可达50000℃。耀眼的光亮飞速向外扩张，占领整个地平线，但由于传播速度极快，所以这光在下一个瞬间就会消失。但闪电产生的高温会让周围的空气迅速膨胀。如此产生了一种强大的波，紧跟着光波在空气中如涟漪般荡开，但它的传播速度就慢得多了。这些涟漪形成的声波就是我们听到的雷鸣。我们之所以知道闪电的存在，是因为它制造出了光波和声波。

波传递的是能量，它不一定需要空气、水或者其他任何介质，这一点非常重要。这意味着波能够轻松地在这个世界上传播，对其他事物产生影响，带来有趣或有用的结果，却不一定会推挤我们周围的物品，造成严重损伤。闪电会释放大量的能量，光波和声波会将其中一部分能量分享出去，传递到其他地方。在声波的传递过程中，就连空气也不会离开原地太远，只有能量一路飞驰向前。光和声音是不同类型的波，但它们遵循同样的物理学原理。光和声音都可能被传播介质改变。打雷的时候，你可以直接听到声波的变化。

我最喜欢待在离闪电大约 1600 米的地方。看到闪电划过，我就会开始想象压力产生的巨大涟漪正在向我涌来。望着远方，我仿佛真的可以看到这阵阵涟漪，但第一声雷鸣还要再过几秒钟才会传到我耳边。这些声波传播的速度大约是 340 米 / 秒，这意味着它们需要 4.7 秒才能跑过 1600 米的距离。第一声炸雷听起来和撕裂天地的闪电十分相称。但雷鸣真正特别的地方在于，我不会只听到一声炸雷，接着第二声在更高一点的地方炸响。两道声波原本完全一样，但高处的声音之所以会慢一点，是因为它需要经过更长的路径才能传播到我的耳朵里。低沉的雷鸣连绵不绝，这实际上是同一道闪电从不同高度发来的声波。

如果说 1600 米外的第一声炸雷需要 5 秒钟才能传到我身边，那么比它高 1600 米的声波很可能要多花一两秒。不同的炸雷在诞生之初几乎完全相同，只是位置不同。这意味着我能听见大气介质如何改变这些声波。越晚到达的雷声来自越远的地方。第一声炸雷音调最高，消失得也最快，因为高频波很容易被大气吸收，但低频波却会回荡很长时间。随着时间的流逝，这些波传得越来越远，整体声调也变得越来越低沉，因为最高的声调已经被空气吸收了，而最低的声调却会一直保留下来。如果你离闪电足够远，那么所有声波都会被空气吸收，你不会听到任何声音。但闪电传播的距离要远得多，因为光波的性质不同，它们的传播不需要借助空气。不过，光虽然不太容易被空气吸收，但会被其他因素影响。

从某种意义上说，波非常简单。它们诞生后总会传向某个地方，而且无论是声波、光波还是海浪，所有波都能被介质反射、折射或吸收。波的洪流错综复杂，我们生活于其中，通过波来感知周围的世界。我们的眼睛和耳朵适应了中间地带的波段，而这些波携带着两种非常重要的"乘客"：能量和信息。

●

阴郁寒冷的冬天，面包片是最完美的食物。唯一的问题在于，这样的喜悦需要花费一点时间去获取。通常我会先烧水准备泡茶，接下来把面包放进烤面包机，然后开始在厨房里不耐烦地来回踱步，等待一切就绪。洗完一两个杯子并且清理干净操作台以后，我总会发现自己目不转睛地盯着烤面包机，检查它的工作情况。

烤面包机的美妙之处在于，你可以直观地看到它在干什么，因为它的加热组件会发出红光。这些组件不光会加热周围的空气，还会辐射光。这些光相当于内置的温度指示彩灯，你可以通过光的颜色来判断加热组件的温度。明亮的红光意味着烤面包机内部达到了1000℃，这个温度真的很高——足以熔化铝或银。这里隐藏着宇宙运转的规律。特定温度范围内的物质会发出同样的光，光的颜色不同，温度就不同。如果你在炭火中发现了鲜艳的黄色，那么它的温度大约是2700℃，而温度达到4000℃以上，物体就会呈现白炽的颜色。仔细想想，你会好奇颜色和温度有什么关系。

盯着烤面包机的时候，我看到了能量从热转化为光。宇宙中有一条简洁优雅的法则：任何温度高于绝对零度的物体总在不断地将自身的部分能量转化为光波。光必然会传播出去，所以能量也会随之流失。烧红的加热组件将自己的部分能量转化成红色的光波，在彩虹光谱上，它位于波长最长的那一端。事实上，加热组件释放更多的是红外线。红外线和可见光也谈不上天差地别，它的波长更长而已。我们只能以间接的方式得知红外线的存在，比如感受到红外线的加热效果。虽然我们看不见红外线，但它对烤面包机来说非常重要——面包加热靠的主要就是红外线。

高温物体放出的光有一定的波长范围。温度不同，发光波长范围不同，发出的所有光里最亮的那一种光也会不同。每一个具体温度都会在某一段波长上发出最亮的光。其他的光，波长和最亮的光越接近就越明亮。如果以波长为横轴，以光亮程度为纵轴，那么在温度确定的情况下，绘制出的图就像一座山峰。不用说，最亮的光就是山顶，其他的光则在山坡上。

对于烤面包机而言，山顶在红外区，红光在近旁的山坡上。我们看不见红外线，但是可以看到红光。

如果我拥有一台能达到更高温度（比如 2500℃）的超级烤面包机，那么它的加热组件看起来应该是黄色的。因为物体的温度越高，就会释放越多的短波长光，包含更多颜色（红色、橙色、黄色，还有一点绿色）。而这些光混合在一起，看起来就是黄色的。在这里，温度和光的颜色之间有着明确的对应关系。要是温度进一步上升——假设某种终极烤面包机能达到 4000℃——那么它释放的光就应该包含彩虹的所有颜色，从红色一直到蓝色都有。这些颜色混合起来，我们就看到了白色。因此，发出白炽光的高温物体实际上释放了彩虹的颜色，只不过几种颜色都混在了一起。这台终极烤面包机的缺陷在于，几乎所有材料都无法承受这样的高温，它一定能在最短的时间里把面包片烤得焦黄，却也会同时毁掉厨房。

可以说，烤面包机也是一种光波制造机。你看到的红光就是它通过温度制造出来的一部分波，而你看不见的红外线加热了面包片。你会发现，面包片只有表面一层变成了棕黄色，因为接触并吸收红外线并因此升温的只有这一层。我在等待的时候喜欢盯着烤面包机看，因为我总会想到它释放的那些看不见的波。我知道它们在那里，因为红光泄露了它们的行迹。

不过，这种制造波的方式也有缺陷。通过这种方式得到的光波其实是多种波长的混合光，你不可能只要其中的一部分，而不要其他的。无论是煤炭、熔化的钢铁还是别的什么东西，在 1500℃左右必然会发出某种橙色光。你可以通过颜色来猜测物体的温度，只要它热得足以让你看到颜色。太阳的表面温度大约是 5500℃，所以阳光是白色的。事实上，正是这个原因，我们才能看见夜空中的恒星。恒星的温度很高，它们发出的光能跨越宇宙传到我们的眼睛里，我们可以通过恒星的颜色来推测它的表面温度。

我们人类也有颜色，因为我们都拥有体温。这种颜色我们看不见，但能被特殊波段的红外摄影机拍到。我们的温度比烤面包机低得多，但我们也会发光。我们释放的光波波长通常是可见光的 10~20 倍。每个人都是一盏红外线灯泡，这些光就来自我们的体温。猫、狗、袋鼠、河马——所有动物也都会发光。任何高于绝对零度（−273℃，这个温度低得可怕）的物体都是一个灯泡，只不过物体的温度越低，释放的光波长就越长，甚至比红外线还长，进入了微波的范围。[1]

我们时刻沐浴在各种各样的波之中，有看得见的，也有看不见的。太阳、我们自己的身体、我们周围的世界以及我们创造的技术都在不断地释放光波。声波也同样多姿多彩，有高音，有低音，有蝙蝠用来捕猎的超声波，还有帮助大象侦测天气的次声波。最棒的是，所有这些波可以在同一个房间里传播，不会彼此干扰。无论屋子里是漆黑一片还是闪烁着迪斯科舞池的迷幻灯光，声波都不会受到任何影响，而钢琴演奏会和哭闹不休的婴儿也不会影响光波。我们睁开眼睛，竖起耳朵，就能接收到所有波，只不过我们会从波的洪流中提取、挑选最有用的一小部分。

可是，该挑选哪些波呢？最新款的自动驾驶汽车和森林里挣扎求生的动物肯定会给出不同的答案。周围环境中的信息几乎无穷多，你可以只挑选那

---

1 光波往往仅指可见光，但为了方便读者理解概念，作者将红外线、紫外线和可见光放在一起讲解。同样为方便读者理解概念，下文还会将无线电波和光波相提并论。因此，下文中出现的光波大多指包括可见光在内的、跨越整个频谱的多种电磁波。——编者

些对你帮助最大的波。蓝鲸和海豚基本上听不见彼此的声音，就算看到穿着潜水服的你，它们也不会大惊小怪。

海豚和"泰坦尼克号"

加利福尼亚湾沿着墨西哥西海岸延伸，这是一处至少横跨 1000 千米的海洋天堂，南端直通太平洋。两岸漆黑嶙峋的山峰直指天空，守卫着蓝色的海峡。海洋物种跨越大洋长途迁徙，来到这里觅食、休憩。渔民乘着小船在海峡中漂流，享受着这份宁静。这片海域之所以如此太平，是因为这里的海浪非常平缓，波澜较少。白天的阳光照耀着蓝色的大海和光滑的礁石，天地间你只能听到层层叠叠的涛声和浪花拍打小船的水声。灵巧纤细的海豚跃出水面，短暂地打破平静，然后哗啦一声回到藏着热闹景象的大海中。海底深处，嘈杂的生态系统正在有条不紊地运行。

海豚下潜时会发出高频的哨声，以此与身后的伙伴交流。等到海豚群重新聚集起来，这片海域立即就会响起一阵阵清脆的滴答声。海豚可以用前额发出这种尖锐短促的声波，它碰到周围的物体就会回弹。回声通过颌骨传进海豚的耳朵，这样一来，海豚就能根据声波判断周围的环境了。哨声、滴答声和啁啾声组成一片喧嚣，就像繁忙街道上的声音。

海豚就这样在移动中借用声波进行交流。在海面上换气、嬉戏之后，海豚群会潜回深海狩猎。海面上无处不在的光波在深海里变得极其罕见。因为水吸收光的速度极快，所以深海居民难以通过光来获取信息。海豚的眼睛在水面上下都能工作，但对于从光波中提取哪些信息，它们在演化中做出了选择。海豚完全不会分辨颜色——要是在你生活的环境里，所有颜色看起来都差不多，那为什么还要费劲去分辨呢？海豚的世界是蓝色的，但它们自己却永远不会知道。海豚看不见蓝色，在它们眼里，海洋世界漆黑一片。但它们能看到银色的鱼从身边经过时闪光的鳞片，这就已经足够。

海面就像《爱丽丝漫游仙境》里的镜子，它隔开了两个世界，但二者可以互通。声波在海面上很容易反弹，所以空气中的声音很难传到海里，而海里的声音也很难传到空气中。光和声音都能在空气中轻松地传播。而在海里，光很快就会被吸收，声波却能迅速高效地传播。要是你想研究海洋环境，那就得好好利用声波。光波在海里没有太大用处，除非你要观察的东西离你很近，而且就在海面下一点点。

海底世界的声音非常丰富。海豚发出的声音频率极高，部分声音的频率甚至是我们听觉极限的 10 倍。这意味着它们的回声系统能够探测前方物品的形状细节。但高频声波传播的距离比较短，所以海豚群吵吵嚷嚷的声音根本传不到海峡对面。有些声音传播的距离比海豚的叫声远得多，比如遥远船只低沉的汽笛声，海面飞溅的浪花激起气泡的声音，鼓虾发出的酷似爆米花的噼啪声，还有海豚根本无法听见的低沉哼鸣。这哼鸣声周而复始，因为十几千米外，一头蓝鲸正在呼喊，它的叫声在海中回荡。鲸没有回声系统，它不需要高频音，它需要让声音传播得尽可能远，这意味着它的音调必须保持低沉，即波长更长。长声波能够跨越漫长的距离，鲸需要的正是这样的通信工具。这些鲸听不见海豚发出的叫声，海豚也听不到鲸歌。但这些波都由海水承载，不同生物可以从这信息的洪流中提取自己需要的片段。

海里也藏着光波和声波的洪流，不过这里的情况与空气中截然不同。声音是海底世界的王者，鲸和海豚都是色盲，光波的细节对它们来说不重要。

不过，大气和海洋也有相似之处。长声波在水下传得远，长光波在空气中也传得远。在一百多年前，人类刚刚学会如何跨越数千千米传递信息。因为我们生活在空气中，所以不能用声波来完成这项任务，我们的远距离通信靠的是光。这么长的光波被称为"无线电波"，起初，无线电技术最重要的用途是跨洋通信。如果当年某些船只更加重视无线电信号，"泰坦尼克号"或许根本不会沉没。

1912 年 4 月 15 日，午夜刚过，来自北大西洋数个站点的无线电波开始如涟漪般向外循环扩散。这些信号有些零散，涟漪越向外扩散，信号就越弱。某些站点收到了这些信号，于是继续向下传递。最强的信号来自加拿大纽芬兰以南 650 千米处的一座站点，杰克·菲利普斯（Jack Phillips）利用功率最大的船用无线电发射器发出了求救广播——全世界最大的邮轮"泰坦尼克号"正在沉没。杰克在巨轮顶层的甲板上，用架设在烟囱之间的天线发送脉冲信号，天线将信号向外传播，其他船只的无线电操作员可以解码这些电波，破译出其中携带的信息。

无线电波之所以能用于通信，是因为这种波不是只在某一条线上传播，而是如涟漪般向外扩散。你不需要知道信号接收者的具体位置，同一道波可以被多个不同的站点获得。"卡帕西亚号"（Carpathia）、"波罗的海号"（Baltic）、"奥林匹克号"（Olympic）和几百千米内的其他船只都能探测到"泰坦尼克号"发出的脉冲。这些脉冲携带的信息或许容量有限、含义模糊，但这是人类历史最早的跨洋通信应用。

无线电技术的诞生彻底改变了航运业。要是在 20 年前，"泰坦尼克号"只能孤独地沉入海底，它失事的消息可能要等到一两周后才会传开。在此之前 10 年，人类才第一次完成了跨越大西洋的无线电信号传输。不过在那个夜晚，黑暗中一圈圈扩散的波让附近的所有船只在第一时间得知了这艘巨轮的悲剧。这些断断续续的脉冲并不是随机的。扩散的涟漪有独特的模式，每种模式都携带着发送者写入的信息，光速跨越大洋。它象征着人类通信史上一场宏大的革命，翻涌的信号揭开了无线电时代的大幕。

"泰坦尼克号"失事之所以这么出名，原因之一是它正好发生在这个新时代的风口浪尖。这次事故展现了无线电的巨大潜力。"泰坦尼克号"沉没两个小时后，"卡帕西亚号"及时抵达现场，挽救了很多生命。但我们看到，当时的无线电系统还非常简陋，实用程度有限。信息的传递十分低效，而且"泰坦尼克号"此前本该收到冰山预警信号的，可是珍贵的信号被琐碎的常规信号干扰了。更重要的是，以最直接的方式发送无线电波时，信号很容易混淆。发送者和接收者没有明确的标识，信息可能无法正确传递，甚至根本无处送达。要利用这些波来传递信息，你需要进行某种标准化的加工，好让所有接收者清楚地理解这些波的意义。然而，那时的船用无线电系统实际上只是一种开关，开开关关组成信号，实在谈不上多么标准、多么明确。雪上加霜的是，所有电台用的都是一个频道。

那天晚上，大洋上方不是只有无线电波。"泰坦尼克号"还发射了求救信号弹，附近的"加州人号"（Californian）也曾试图用发射可见光的莫氏信号灯与它通信。但是，可见光不会比无线电波传得远，这是大气决定的。上层大气（电离层）会像镜子一样反射一部分无线电波。来自"泰坦尼克号"的无线电信号不是简单地扩散了出去，一部分进入电离层的无线电波会回到下面。要知道，地球表面是弯曲的，信号的发送者和接收者甚至很可能不在一条水平线上，大气层帮助无线电波解决了这个问题，让它可以折折返返地跨越海洋。可见光就没有这样的优待了。

杰克·菲利普斯继续向空中发射无线电脉冲，向所有倾听者广播这艘巨轮的位置，直到无线电发报室被海水淹没。他没能逃过这场劫难，但长距离通信救活了船上的另外 706 位乘员（乘员总数是 2223 人）。这些幸存者见证了这个世界从完全没有无线电到看不见的通信电波无处不在的历史进程。现在，地球上几乎已经不存在没有无线电波的角落，人类文明之间的联系从未像今天这样紧密。

灯光密码

光波支持着我们的世界，它承载的残余太阳能虽然微不足道，却驱动着我们的星球。光是我们和宇宙之间的联络员。在 20 世纪，我们的文明开始试着与电磁波谱上的所有波建立新的关系。我们曾是被动的接受者，只能心怀感激地接收光波无意间带来的能量和信息，但是现在我们开始有意识地制造、使用光。对光的熟练应用开启了新世界的大门，我们由此掌握了观察世界的多种技术。现在我们几乎可以把信息实时传递给每一个活着的人，就在此时此刻，只要有一部手机，你就可以跟世界上的任何一个人通话。

不过，要从波的洪流中得到有用的信息，首先你得想个办法把它分离提取出来。幸运的是，波自身提供了答案，你不需要专业的工具包也能完成这个任务。

田纳西州的大雾山景色壮观，深绿色的森林覆盖着起伏的山谷和山峰。那里的森林人迹罕至，格外安宁。要进入大雾山的林地，我们必须驾车经过桃莉·巴顿（Dolly Parton）的故乡。我当然听说过这位伟大的乡村歌手，但桃莉坞公园的热闹景象依然让我措手不及。这座庞大的公园以田纳西、乡村音乐和游乐场为主题，不过，最闪亮的主角当然还是桃莉。以公园为中心，粉红色的牛仔帽、装饰华丽的吉他、随处传唱的乡村音乐、茂密的金发、复古牛仔外套和南方式的热情好客已经渗透了周围的城镇。在这样的环境中，晚餐后来杯波旁威士忌就是最重要的事，尽管我私心里更喜欢牛仔帽。第二天，我们又在大烟山里见到了另一番景象。

人们带着折叠躺椅和便携式冰箱进入山间，静静地欣赏林间美景。在那醇美的黑暗中，任何一点光线都会破坏氛围，所以山里禁止使用电筒和手机。随着黄昏的降临，萤火虫之舞拉开了帷幕，上百万只萤火虫在山林间闪烁着点点柔光。当时我们的任务是拍摄一部科学纪录片，而且我们只有一个晚上的时间用来拍摄这里的场景。这里有个问题：你必须在黑暗中移动，还得知道自己是在往哪儿走。有人建议我们用红光灯照明，因为红色的光线对萤火虫的干扰显然比白光小。于是我们打开暗淡的红灯，蹑手蹑脚地在森林中行进。大约凌晨1点时，萤火虫的表演基本结束了，我们准备拍摄最后的几个片段。导演和摄影师正在设置灯光，我头顶红灯藏在一片黑暗的空地中，一边用遮光布裹住自己御寒，一边匆匆做笔记。大家都准备好了以后，我起身走向他们，同时打开笔记本，试图写下最后的几句话。但是借着导演的白色头灯，我发现自己写的笔记根本看不清楚。红笔和蓝笔的字迹交相覆盖，完全无从分辨。

其实这是一个绝佳的示例，可以让你看到不同波长的波为何不同。我意识到，红色字迹一定是我在白天写下来的。在白光下，你很容易看到白纸上的红字，但在红色头灯的照耀下，红色的墨水会消失不见。这是因为这时白纸只能将红光反射到我的眼睛里，而红墨水反射的同样是红光，于是笔记本看起来就是一片空白。因此，我不得不在同一张纸上用蓝笔又写了一遍。蓝色不会反射红光，所以我在一片红色中可以看见蓝色字。要是把头灯换成蓝色，那么我就只能看见红字，蓝字反而隐藏了起来。在不同颜色的光线下，我可以看到不同颜色的字迹，因为我对波长做出了选择。红光的波长比蓝光长，知道了这个，我就能提取不同的信息了。

事实上，我们调台接收节目的过程也是这样的。我们对一个特定的波进行探测时，会集中寻找某一小段波长。如果此时出现了另一种波长的波，我们根本不会意识到它的存在。我的笔记本清晰地证明了可见光完全符合这个原理，而那些看不见的波也是如此。我们周围的世界充满了各种各样的波，它们彼此重叠，就像笔记本里不同颜色的字迹一样。这些波互不干扰，也不会改变对方的颜色，每一种波都是完全独立的。你可以选择去接收长波长的无线电波，收听无线电台，也可以按下遥控器，发出只有电视机才能识别的红外信号。你可以用红笔在纸上写字，也可以盯着手机看一看有没有无线网络信号。关于最后一个例子，你可以这样理解：我们所熟知的网络都有自己的"颜色"，只不过这些"颜色"都处于微波的波长范围内，我们看不到而已。

各种波长的波层层叠叠，互不干扰，一直存在于我们身边。采用正确的方式，你就能看到想看到的东西。我们的双眼用来认识世界的波段十分狭窄，局限在可见的彩虹色范围内，但其他看不见的波段完全不会影响这些可见光。

不同波长的波不会互相影响，这一点非常重要。我们可以挑选出感兴趣的波长，完全忽略其他波长。特定的环境会以独特的方式影响每一种波长的波，对它们进行挑选、过滤。虽然我在阴雨连绵的曼彻斯特长大，很少看到晴朗的夜空，但英国最大的望远镜离我的家乡只有 22 千米。焦德雷班克的洛弗尔巨型射电望远镜（Lovell Telescope）直径达 76 米，哪怕在曼彻斯特最阴沉的日子里，厚达数千米的雨云堆积如山，这台望远镜依然能够不受影响地观测天空。

对于波长不到百万分之一米的可见光来说，进入云层就等于闯入了一台巨型反弹机。光会不断发生反射和折射，最终彻底被云层吸收。但波长在 5 厘米左右的大量无线电波却能畅通无阻地穿过这些微不足道的障碍，完全不受影响。如果你有机会在雨天拜访曼彻斯特，请记住这件事。尽管你连树顶都看不见，但是想到天文学家仍能通过无线电波看到壮美的宇宙，你也许会得到一点安慰，也有可能从心底升起一点嫉妒。[1]

---

1 不过，天文学家有时候并不相信自己接收到的信号真的来自辽阔的宇宙。1964 年，罗伯特·威尔逊（Robert Wilson）和阿诺·彭齐亚斯（Arno Penzias）从天空中探测到了不应出现的一种微波。他们花了很长时间试图弄清到底是天空中有异常情况还是望远镜出了故障，这些神秘的微波信号总该有个来源。他们甚至清理了望远镜里的鸽子和鸽粪（他们在论文中委婉地称之为"白色绝缘材料"）。无论如何，这些神秘的背景光似乎都无处不在。最后人们发现，它是大爆炸留下的余韵，也是宇宙中最古老的光。要分辨信号到底来自鸽子的粪便还是宇宙的起源，你得非常小心地通过实验去证明。

温室效应和地球

在地球周围，不同波长的光会有不同的旅程，这是这里适合居住的重要原因。灼热的太阳会送来十分丰富的波，其中只有一小部分会留在我们的岩石行星上。这些光线携带的能量就是地球的热量来源。然而，考虑到和太阳的距离，地球的地表温度应该只有冰冷刺骨的 −18℃，而不是现在温暖舒适的 14℃。我们之所以能够免遭冻死的厄运，完全是因为地球就像一个温室。这是因为不同波长的光以不同的方式与地球大气互动。

想象一下你正站在半山腰上，眼前的景象像动画片一样可爱：天空澄蓝，间或有一两朵蓬松的白云点缀其间，让美景更加生动。遥望远处的平原，你能看到绿树、青草和深色的土地。阳光灿烂，云朵在大地上投下一块块流动的影子。在这里，洒在你身上的阳光已经和它刚刚离开太阳的时候大不相同。大气吸收了很多波长很长的红外线，以及波长很短的紫外线，但可见光几乎完全不受影响。传到地面的光线经过了大气的选择和过滤，这才是我们看到的光。在可见光的波段范围内，天空就像大气层的窗户，它会无差别地接纳所有波。无线电波另有一扇专门的窗户，所以射电望远镜才能观察宇宙，但其他大部分波都会遭到阻隔。

你看到的大地颜色越深，它吸收的可见光就越多。被吸收的能量最终都会转化为热。如果在晴天触摸黑色的地面，你会感觉地上发烫。没有吸收的光会反射回空中，通过大气，再次进入宇宙。如果有外星人正好从附近经过，这些光就会进入他们眼中，让他们看到地球的模样。

大地变暖了。就像烤面包机的加热组件一样，温热的地面也会释放出光波。当然，大地的温度没有烤面包机那么高，所以我们看不到它发光。但在更长的红外波段上，温暖的地面就像灯泡一样明亮。接下来我们就该讲到温室效应了。大气中的大部分成分都不会阻拦红外线，但某些比例不高的成分

（水、二氧化碳、甲烷和臭氧）对红外线的吸收作用极强, 它们就是"温室气体"。你可以看到被地面反射回来的可见光, 却看不到地表释放的红外线。如果能看见红外线, 你会发现它们在离开地面以后变得越来越弱, 最终彻底消失。红外线在向上传播的过程中被大气吸收了。吸收红外线的气体很快又会交出自己刚刚得到的能量, 再次放出红外线。重点来了 : 这次释放的红外线不是向上传播的, 而是无差别地传向四面八方, 其中一部分会向下传播, 然后再次被地面吸收。地球因此变得更加温暖, 不会遍地冰凌。整套系统必须达到新的平衡, 最终我们得到和失去的能量必须完全相等, 否则地球就会变得越来越热。所以, 地球会持续受热, 直至释放的红外线与吸收的能量达到平衡。

这就是温室效应, [1] 它其实是一种自然现象。一般而言, 地表平均温度在14℃时, 整套系统处于平衡状态。不过, 随着化石燃料的使用, 大气中的二氧化碳越来越多, 原本应该离开地球的一部分红外线被锁在了大气层内, 平衡被打破了。地球要变热才能达到新的平衡。其实大气中二氧化碳的含量并未发生太大变化 : 1960 年, 二氧化碳在大气层中的占比是 0.0313% ; 2013 年, 这个数变成了 0.4%。这样的变化堪称微乎其微, 其效果却不可小觑。而甲烷吸收红外线的能力甚至比二氧化碳更强。温室效应将地球变得温暖宜居, 也会让气温发生剧变。我们看不见参与温室效应的光波, 但能估测它造成的后果。

珍珠和手机通信

各种各样的波在我们的世界里荡漾——有波长极长的无线电波, 也有较短的可见光波, 还有海浪、鲸歌的低沉声波和蝙蝠的超声波。这些波彼此重

---

1 这和真正的温室没有太大关联。

叠交叉，却互不影响。但这里有一种特殊情况：两道完全相同的波相遇时会发生特别的事。如果你正握着一颗彩虹色的珍珠，那么你会看到一个美丽的答案，但要是你想维持手机正常通话，就得尽量避免这样的情况。

你可以在大溪地和南太平洋其他岛屿周围的蓝绿色海水中找到大珠母贝（Pinctada maxima），它们生活在海床上，在几米深的海水中就能看到。进食的时候，大珠母贝会微微张开壳，每天它都会吸入一些海水。壳内的软体动物悄无声息地滤出有价值的食物微粒，再把过滤后的水重新排入大海。

哪怕从正上方游过，你也很难注意到大珠母贝。它们褐色的壳粗糙黯淡，毫不起眼。它们就像大海里默默工作的吸尘器，从没想过出风头，但埃及艳后、法国末代王后、玛丽莲·梦露、伊丽莎白·泰勒却都爱上了这些贝类阴错阳差制造出来的东西：美丽的珍珠。

在极偶然的情况下，某个刺激物会钻进贝壳里面。大珠母贝无法排出侵入的异物，所以它只好用一种无害的物质——构成贝壳内部涂层的那种物质——把异物包裹起来。软体动物通过这种方式来完成清扫，将侵入者化为自身的一部分。大珠母贝分泌的覆盖物由无数微小的薄片组成，生物胶将它们层层黏合、堆叠在一起。这个过程一旦开始就会自然而然地进行下去。最近人们发现，珍珠在成形的过程中可能每隔 5 小时就会翻转 1 次。潮水涨落，季节变迁，鲨鱼、蝠鲼和海龟在头顶来往穿梭，海床上的大珠母贝静静地过滤海水，在黑暗中孕育着体内旋转的珍珠。

直到多年以后，可怜的贝壳终于惨遭不幸——它被人类捞起来打开了。珍珠第一次接触到了阳光，光线在闪亮洁白的表面纷纷折返。事实上，珍珠的表面不足以反射所有阳光，部分光会穿透表层，在更深处发生反射，或者在珍珠内部折射数次，最后再回到空气中。

现在，我们来关注一下纯净的波（比如阳光里的绿色光波）以及和它相遇的同类波。不同波长的波不会相互影响，但相同波长的波可以发生叠加。

以珍珠为例，表层和更深层都会反射绿光，那么一旦这几道反射光叠加在一起，得到加强，就会生成一道更亮的绿光。不过，以同样角度入射的红光却不会得到同样的叠加，反倒可能相互抵消，因为红光和绿光波长不同，红光的加强需要另选角度。

珍珠为什么这么美，让人类历史上的那些美人爱不释手？因为大珠母贝的分泌物形成了这样一种特别的结构，可以让光波大放异彩。同样颜色的多道光线可以在这里发生一点点错位，好让光波叠加（物理学家会说它们发生了干涉）。在某个角度，我们可能会看到珍珠洁白光滑的表面上闪烁着绿色的光，换个角度，我们也许会看到蓝色的光。在阳光下转动珍珠，不同颜色的光便闪烁起了动人的七彩色泽。人类珍视这样的光泽，因为它既稀有又美丽。

从物理层面上说，珍珠只是对不同的光波做了相同的处理，而你在旋转珍珠的时候可以看到不同光波的处理结果。而在我们看来，珍珠似乎可以自己发光，这让我们爱不释手。不久前人类已经开始尝试人工制造珍珠，不过直到今天，大部分珍珠依然是通过珠母贝培育出来的。

珍珠让我们看到了同一种波叠加的结果。有时候两道波的波峰和波谷会重叠起来，形成一道更强的波，朝某个特定的方向传播；有时候它们又会互相抵消，彻底消失。如果波的来源不止一个（请想象一下两粒石子在池塘里激起的涟漪叠加在一起），或是波发生了反射，都会形成新的模式。

不过，这又带来了一些问题。除了光波以外，其他相同的波叠加时又会发生什么呢？我们经常看到人们在嘈杂的公共场所各自握着手机打电话，彼此互不干扰。同一座城市里，成千上万的人使用的手机都通过同样的无线电波传递信号。"泰坦尼克号"沉没时，海上的无线电通信受到了严重的干扰，因为这片海域内有 20 条船正在使用同样频率的波发送信号。但是今天，光是一幢楼里可能就有 100 个人在同时用手机打电话，信号却依然畅通无阻。

这是怎么做到的呢?

请想象一下，你正站在高处俯瞰一座繁忙的城市。街上有个男人从口袋里掏出手机，碰了几下触摸屏，然后把手机举到耳边。假设你的眼睛有超能力，能看到不同波长的无线电波，它们在你眼中呈现出不同的颜色。绿色的涟漪以男人的手机为中心向四面八方扩散，手机就是最明亮的光源，涟漪越往外传播，颜色和亮度就变得越黯淡。

注意，100米外有一座移动电话基站，它探测到了这些绿色的光波，并对信息进行解码，识别了这个人要拨打的号码。接着，基站向目标手机发送信号，生成另一道绿色的涟漪——但它的颜色和先前那道无线电波有一点细微的区别。这就是现代远程通信的第一个秘密。

"泰坦尼克号"发送的信号实际上是不同波长的波混合形成的杂乱组合，但我们今天的技术已经可以精确地控制信号的波长。手机最初发出的信号波长是34.067厘米，而基站发信号使用的波长是34.059厘米。也就是说，手机和基站通信使用的波段可以精确到0.001厘米。我们的眼睛分辨颜色的能力都达不到这样的精度。

就像白纸上的红字和蓝字一样，这些波各行其道，互不干扰。男人在街上行走的时候，手机发出的绿光以特定的模式向外扩散，它携带的信号就这样传递出去。街对面的女人也在打电话，她使用的信号波长和刚才那个人只有一点点区别，但基站能分辨出这是两个不同的信号。政府批准的带宽总有一个频段范围，在这个范围内，只要硬件条件允许，手机网络运营商可以分隔出许许多多个具体的通信频率，对应不同的波长。以超人的视角俯瞰城市，你会看到无数明亮的光点，那是许多手机正在各自收发信号。建筑物会反弹这些信号，周围的环境也会缓慢地吸收信号，但大部分信号仍能顺利传到基站。

我们观察的那个男人沿着街道行走，离基站越来越远。这里出现了新的颜色。他前方的街道上出现了红色，那是下一座基站的波。上一座基站强大的绿色信号逐渐消失，男人的手机探测到了新的频率，于是它开始和新的基站建立通信。男人还不知道自己已经走到了"绿区"边缘，但他的手机已经默默切换了波长，开始发出红光。绿基站收不到这些信号，但新的红基站已经接手了任务。如果男人继续向前走，他可能还会进入黄基站或者蓝基站的覆盖范围。相邻的两座基站绝不会采用同样的颜色，但要是男人走得够远，他或许会遇到下一个绿基站。这是手机网络的第二个秘密。人们会控制手机的信号强度，以确保它只传到最近的基站。这意味着只要多拉开些距离，基站就可以重复使用同样的频段。两个绿基站发出的信号都不强，无法传到对方所在的位置，所以它们不会互相干扰。

信息在基站覆盖的区域不断地流进流出，不同区域互不干扰。[1] 我们之所以可以实现多人同时通话，是因为每个人使用的波长都略有区别。而在通信网络的另一头，接收方也不会搞混这些不同的信号。要是中间出了哪怕一点偏差，这些信号也无法完成任务。但现代技术达到了这样高的精度，我们可以通过最细微的差别来分辨不同的波。

我们每天就生活在这样的环境中。手机、无线网络、无线电台、太阳、加热器和遥控器激起的涟漪共享空间，从我们头顶飞过。这里还没算声波呢——大地发出的低沉声响、爵士乐、狗吠、牙医诊所用于清洁设备的超声波，还有我们吹凉茶水时激起的涟漪、海浪、地震带来的起伏……我们生活的地方时时刻刻都在制造各种各样的波。不少波可以帮助我们探测和揭示很多东西。从本质上说，这些波的性质完全相同。它们都拥有波长，会被介质反射、折射、吸收。只要理解了波的基本性质，领会了用波传输能量和信息的秘诀，那么你就掌握了现代文明最重要的工具。

---

1 每个基站覆盖的区域都被称作一个"蜂窝"，正是出于这个原因，手机在美式英语里又叫"蜂窝电话"（cellphone）——因为它的网络是蜂窝状的。

●

2002 年，我在新西兰基督城附近的一家驯马中心工作。一天晚上，电话突然响了，让我万分惊讶的是，这个电话居然是打给我的。那部电话有一台无绳分机，所以我拿着电话走出房间，坐在山坡上眺望薄暮中的新西兰乡村风光。电话那头是我的祖母。当时我差不多已经半年没回过英国了，而且一直没跟家里联系。祖母想跟我说说话，所以她在家里按下电话号码，立即就找到了电话另一头的我。祖母问我外面的食物吃不吃得惯，马儿的情况好不好，工作是否顺利。

我听着熟悉的乡音，却想到了别的事。我们的行星如此庞大，我所在的位置和我的家乡差不多正好分居地球的两端（两地直线距离 12742 千米，直飞里程至少有 20000 千米），但祖母却能通过电话直接跟我说话。要知道，我们之间隔着整整一个地球。这样的通话让我觉得十分神奇。如今，我们的星球上充满了各种各样的波。我们时时刻刻都在通过看不见的波与别人交谈。这是个了不起的成就，同时也有些怪异。马可尼等发明家的工作和"泰坦尼克号"沉没之类的事件推动了无线通信的普及，时至今日，人们已经对这类技术习以为常。我很庆幸自己出生得不早不晚，享受了这些伟大成就带来的便利，还会为此赞赏惊叹。我们的眼睛无法探测到这些波，而人类总是难以欣赏自己看不见的东西。不过下次打电话的时候，请好好想一想这件事。波真的非常非常简单。但如果能够好好利用它，我们可以把世界变得更小。

第 6 章

鸭子为什么
不会脚冷

- 原子之舞 -

盐和糖的真面目

盐是一种再平凡不过的商品，它总是默默待在橱柜里，从来不会成为人们关注的焦点。不过，如果你有机会近距离观察一撮盐粒，尤其是在明亮的光线下，你会发现它简直熠熠生辉。你凑得越近，盐的反光就越强烈。要是再有一个放大镜，你会看到盐粒的形状也是有规则的，它的表面几乎没有任何凸起。每一粒盐都是一个美丽的立方体，表面光滑平坦，边长约半毫米。这就是它闪耀的原因。

这样的表面会像镜子一样反射光线，如果在光下移动这撮盐，你的眼睛就会看到来自不同盐粒的反射光。盐罐子里平凡无奇的调料实际上由无数微型雕塑组成，每座雕塑的形状都一模一样。这不是制盐者有意为之的结果——盐会自然地形成规整的形状，我们从中看到了关于物质结构的蛛丝马迹。

盐的化学成分是氯化钠，这种化合物拥有等量的钠离子和氯离子。[1]你可以把它们看成大小各异的球——氯离子的直径差不多是钠离子的 2 倍。在盐成形的过程中，每个离子都会在特定结构中拥有一个固定的位置。

你一定见过超市里的盒装鸡蛋，氯离子就像盒子里的鸡蛋一样整齐地排列成行，形成一张立体的网格，较小的钠离子就嵌在网格内的空间中。在这里，每个离子周围都会有 6 个不同类型的离子。盐晶体就是这样一张巨大的立体网格，网格的每一条边都由数百万个原子组成。这种晶体总是一层一层的，立方体的各个面始终保持平整。在原子的层面上，每种元素各安其位，完美无瑕。每个立方体的每一个平面都会像镜子一样反光。

我们看不到单个原子，却能看到它们组成的结构体现出来的样子。盐的

---

1 离子是原子得到或失去电子后形成的微粒。在这里，钠原子给了氯原子一个电子，变成带正电的钠离子；与此同时，氯原子变成负离子。听起来似乎有些不合常理，但现在它们携带不同的电荷，所以二者会互相吸引。

整个晶体就是同一个模式不断地自我重复而形成的。盐非常简单，无论大小，盐粒内部的结构总是相同的。盐晶体光滑的反光表面之所以会存在，是因为在这套精确的网格系统中，每个原子必须出现在固定的位置。

糖也是这样的。近距离观察糖的晶体（尤其是颗粒较大的砂糖），你会看到更加美丽的景象。糖晶体是十二面体。糖分子由 45 个不同的原子组成，每个原子都有固定的排列方式。糖分子都长得一模一样，每一个糖分子都是晶体结构中的一块砖，不过这些砖块本身的形状非常复杂。和简单的盐晶体一样，糖分子也会以唯一特定的模式堆叠起来形成网格。我们同样看不到组成糖的原子，却能看到它们内在的模式，因为整个糖晶体是由同一个模式不断自我重复而形成的分子构建的一座摩天大楼。其表面也会像镜子一样反光，所以糖和盐一样晶莹闪亮。

面粉、大米和香料粉没有这么闪耀，因为它们的结构要复杂得多。这些食材由许多活生生的微型工厂组成，这些小工厂就是细胞。糖晶体和盐晶体之所以拥有平坦的表面，是因为它们结构单一，千千万万个原子以固定的模式排好即可。这两种物质的每一层都是对其他层的完美重复。当你舀起一勺糖放进茶里的时候，它的闪光总会提醒你这一点。

花粉和爱因斯坦

虽然无法直接看见原子，但我们能看到微观世界发生的事如何对我们的生活产生影响。不过首先，你得相信原子真的存在。

如今，我们觉得原子的存在天经地义。所有事物都由物质微粒组成，这个概念并不复杂，而且听起来很有道理，我们从小就一直听人这么说。但是，沿着历史的长河回溯，你会发现，就连 1900 年的科学界都没有完全确认原子的存在。那时候，摄影、电话和无线电的诞生已经拉开了技术时代的大幕，但"物质"到底由什么组成，人们仍未得出确定的结论。对很多科学家来说，原子的概念听起来很有道理。化学家早已发现，不同的元素似乎总是以特定的比例发生反应，如果从原子理论的角度去理解（比如，形成一个分子总是需要一个 A 原子和两个 B 原子），那么这个问题就有了合理的解释。但总有人有所疑虑：你该如何确认这么小的东西真的存在呢？

几十年后的一句名言完美地概括了科学发现的典型过程，这句话出自科幻作家艾萨克·阿西莫夫（Isaac Asimov）笔下："在科学界，最激动人心的一句话，最有可能通往新发现的一句话，并不是'我知道了'，而是'唔……这很有趣……'"原子的发现完美地印证了这句话，不过这个过程花费了差不多 80 年。

我们从 1927 年开始讲起，当时一位名叫罗伯特·布朗（Robert Brown）的植物学家正通过显微镜观察悬浮在水中的花粉。有一些极小的微粒从花粉上脱落下来，这差不多是古往今来的光学显微镜能观察到的最小的东西。罗伯特·布朗发现，尽管水几乎完全静止，但这些微粒仍会在水中振动。起初他觉得这些微粒是活的，但是不久后他又在无生命的物质上观察到了同样的现象。这很奇怪，布朗找不到合理的解释，但他记录下了这件事。随后的几十年里，又有很多人观察到了同样的现象。这种奇怪的振动被称为"布朗运动"。它永远不会停止，而且只有最小的微粒才会表现出这种性质。人们提出了各种各样的假说，但谁也没有真正解开谜团。

1905 年，瑞士的一位专利局职员以自己的博士毕业论文为基础发表了一篇新论文。此人就是大名鼎鼎的爱因斯坦。他最广为人知的成就当然是他对时空特性的研究，也就是狭义相对论和广义相对论。但他博士论文的主题是用液体测定分子的大小。在 1905 年至 1908 年，爱因斯坦为布朗运动做出了严谨的数学解释。

　　他提出了一个假说：液体由大量分子组成，而且这些分子总在不断地发生碰撞。根据爱因斯坦的理论，液体是一种无固定结构、动态变化的物质，液体分子时时刻刻都在彼此碰撞，每一次碰撞都会让分子的速度和方向发生变化。那么，如果液体中出现了一种比分子大得多的粒子，它会遭遇什么？显然，较大的粒子会受到更多粒子的撞击。由于这些碰撞完全是随机的，所以有时候粒子某个侧面遭到的碰撞更加猛烈，于是它会向相反的方向移动一点点。紧接着，如果向上的随机碰撞超过了向下的碰撞，粒子又会向上移动一点。因此，大粒子的振动背后是成千上万个小得多的分子的碰撞。罗伯特·布朗看不到这些分子，但能看到较大的花粉微粒。爱因斯坦的描述完全吻合布朗的观察结果。既然如此，那么液体的确由大量不断碰撞的分子组成，单个的物质小团（原子）也必然存在。更棒的是，爱因斯坦还根据人眼观察到的振动预测了原子的大小。

　　1908 年，法国物理学家让·佩兰（Jean Perrin）通过实验进一步验证了爱因斯坦的理论，他提供的新证据彻底堵住了怀疑者的嘴巴。世界的确由无数微小的原子组成，这些原子总在不停地振动。这两个发现互为表里，密不可分。原子的持续振动也不是偶然事件，后来我们发现，这可以解释宇宙中一些最基本的物理法则。

湿衣服和煎奶酪

　　确认了原子和分子的存在以后，我们就必须运用统计学手段来解释布朗运动之类的现象。你无法追踪单个原子的运动，也无法精确计算两个原子相撞时到底发生了什么，更无法追踪一滴液体中的数十亿个原子。我们只能从统计学的角度计算无数次随机碰撞可能造成什么结果。你不能断言布朗运动中的粒子一定会在某一刻向左移动 1 毫米，但你可以说，如果重复实验的次数够多，那么平均而言，某个粒子最后的位置可能会比初始时刻偏移 1 毫米。你可以非常精确地计算平均值，但也仅止于此。与 1850 年相比，现在的物理学变得复杂了，也变得清晰了。一旦你知道了原子的存在，许多司空见惯的东西都会变得有趣起来，比如湿透的衣服。

我第一次与 BBC（British Broadcasting Corporation，英国广播公司）合作时参与了一档介绍地球大气和全球天气模式的节目。拍摄过程中，我体验了三天印度的雨季。这种气候现象规模很大，在全世界都很有名。印度每年都会出现周期性季风，在 6 月到 9 月引发大量降雨。我们之所以会去印度，正是为了介绍这么多水都是从哪儿来的。

我们驻扎在一栋小木屋里，木屋坐落在印度最南端喀拉拉邦一处非常安静的海滩上。拍摄的第一天显得格外漫长。雨季天气多变，而我们拍摄特定素材的时候需要天气状况在几个小时不变，这就很麻烦了。明明刚才还是烈日当空，紧接着就是持续一个小时的暴雨，然后狂风刮来，艳阳又回到了空中。不过那里一直很暖和，所以我也不太介意淋雨。要是又湿又冷，那就完全是另一回事了。每次一下雨我都会被淋得浑身湿透，然后就得赶紧想办法弄干衣服，不然等到太阳出来了没法接着拍摄。作为需要入镜的人，我的难题在于每次出现在镜头上的时候我都得穿着同一件衣服。我找了个头顶有遮蔽物又能照到阳光的角落晾衣服，但穿穿脱脱几次下来，我感觉并没有多少时间真的在拍摄。我就这样费力地配合着节目需要，然而大约晚上 7 点的时候，天气又有了变化。这时太阳已经下山，我们只能收工。

我用力拧一拧，再拿毛巾擦一擦，湿透的上衣和短裤变得只是有点潮了。把衣服挂起来以后，我就去吃晚饭了。这两件衣服一直在外面晾到了第二天早上 6 点，也就是我们起床开工的时间。不过，当我把短裤收回来的时候，我发现它还是有点潮——甚至比前一天晚上更湿。不光是潮，衣服还变得很凉，因为晚上外面的气温很低。真糟糕！但我没有准备一模一样的衣服，所以只能重新穿上原先那一身，然后迎着朝阳在海滩上行走，试图让自己看起来还算精神，而不是冻得瑟瑟发抖。

一般而言，气体分子之间几乎不存在任何引力，所以无论容器有多大，它们都会向外扩散，填满整个空间。液体的情况就有点不一样了。液体分子也会像气体分子一样互相碰撞，但分子之间的距离拉近了很多。室温下，空气中气体分子之间的平均距离大约是单个分子长度的 10 倍。可是在液体里，分子之间几乎没有空隙。这些分子不断碰撞、振动，它们仍在运动，但速度比气体分子慢得多。所有这些决定了一点，液体分子更容易相互吸引，抱团形成液滴。分子的活跃程度也和温度有关。液滴的温度较低，分子运动的速度也较慢，此时它们更像是在贴着彼此挤来挤去。如果加热液滴，那么所有分子的平均速度都会变快，部分分子得到的能量会比别的伙伴多。

分子要想逃离液体，变成气体飞走，就需要足够的能量来摆脱其他分子。这个过程叫作蒸发。得到了足够从液体中逃离的能量，分子就会飘起来进入空气。我湿漉漉的衣服里有很多液态水，分子在液体中懒洋洋地运动，却没有足够的能量逃离这个环境。

在那三天里，我把弄干衣服的办法试了个遍。要把衣服晾干，你得创造一个环境，让液态水分子有机会得到足够的能量，这样它们才能飘走。在烈日炙烤大地时，液态水会吸收太阳的能量，水分子开始慢慢逃逸。而等到云层再次遮蔽太阳，我又陷入了必败的苦战。问题在于空气里的水实在太多，因为这里有来自大洋的湿润海风。太阳照在温暖的海面上，表层海水的温度上升，大海里的水分子也活跃了起来。海水的温度越高，分子运动速度越快。随着海面温度的升高，越来越多的分子得到了足够的能量，从液态变成了气态，而温暖潮湿的海风又把它们吹向陆地，吹到我们身边。

穿上被雨水浇湿的衣服，我的体温会加热衣服，让衣物中的部分水分子得到足够的能量蒸发出去，于是衣服会比原来干一点点。可是，空气中满满的水分子总有一部分会撞上我的衣服，然后沾在上面。有了这些生力军的加入，衣服又变得更湿了。衣服之所以老是干不了，是因为蒸发的水分子正好平衡了重新凝结的液态水。也就是说，这里的湿度达到了100%——每一个蒸发的水分子都会被另一个凝结的水分子取代。如果湿度低于100%，那么蒸发的分子数量就会大于凝结的分子数量。这个差值越大，衣服就干得越快。

晚上的情况更糟。随着气温降低，所有分子的运动速度都变慢了。空气里有些水分子变得迟缓，如果它们恰好碰到了我的衣服，就会变成液体分子赖着不走，而衣服里本来就有的水也很难蒸发出去。如果凝结的水分子多于蒸发的水分子，那么温度就达到了露点，这里的"露"指的是"露珠"。这种情况下，依然有一部分水分子可以蒸发掉，但在数量上比不上凝结的水分子。如果我能设法加热衣服，那么就能增加蒸发的水分子数量，也许足以扭转态势，让衣服变干。然而事与愿违，我只能和整个印度一起浸泡在湿漉漉的雨季里。

重点在于，这样的过程时时刻刻都在进行。观察某一个分子是蒸发还是凝结，这对于一件衣服的状态没有什么帮助。不过，如果从统计学的角度观察分子的变化，就算每个分子总在做不同的事情，我们也可以最终发现蒸发和凝结达到平衡的结果。

一团分子中不同的个体表现不同，这一点有时候非常有用，比如，汗水蒸发时，逃逸的都是那些携带能量最多的分子，而留下来的分子则相对安稳，所以出汗有利于降温，因为逃逸的分子带走了大量能量。

一般而言，衣服变干的速度很慢，这是个平缓的过程。在水面上，某个能量特别多的分子突然得到了足够逃逸的能量，于是它飘了起来。不过在另一些时候，蒸发的过程比这激烈得多。狂暴的蒸发有时候也很有用，尤其是在做饭的时候，比如，"炸"这种烹饪方式就与水密切相关。

哈罗米奶酪是我最喜欢的油炸食品，我一直觉得它在素食者心目中的地位相当于食肉者眼里的培根。它的制作过程如下：先把油倒进平底锅，过一会儿再放入弹性十足的奶酪。油温静静地升高到了 180℃左右，但除了散发热量，锅里的油和刚才并没有别的不同。不过，就在第一块奶酪进锅的瞬间，响亮的噼啪声打破了原来的平静。奶酪刚一接触热油，它的表层温度就在几分之一秒内升高，达到和油温接近的程度。奶酪表面的水分子突然从热油中得到大量的能量，远远超过了液体蒸发的需要。于是，这些水分子在汽化的同时快速膨胀，产生一系列规模极小的爆炸，在奶酪表面上形成一个个肉眼可见的气泡，这就是那一阵噼啪声的来源。

这些气泡还起着重要的作用。上面提到的过程会将油阻拦在奶酪的表面，使其无法浸入奶酪内部。传入奶酪的热量也得到了限制。如果油温过低，气泡形成的速度不够快，那就没法把油挡在外面，最后食物会被油浸透，变得十分油腻。在我们油炸奶酪的过程中，部分热量进入奶酪内部，让内里变热。外层则被高温剥夺了大量水分，被炸干了，变得脆脆的。奶酪中的蛋白质和糖在受热后发生化学反应，制造出迷人的焦褐色。从液态水到蒸汽的突然变化是油炸的核心。只要你在烹饪中操作正确，油炸食品一定会发出响亮的噼啪声。

海冰和"前进号"

我们周围随时都在发生气体与液体的相互转换，但液体和固体的转换就没那么常见了。大多数金属和塑料的熔点都远高于日常温度，而氧、甲烷和酒精之类的小分子熔点又很低，要让它们凝结成固体，甚至需要特制的冰箱。

相比之下，水的性质相当特殊，因为水结冰和蒸发的情况都很常见。不过，说到冰冻，大多数人立即就会想到南极和北极。那里总是洁白一片，严寒难耐，完全不适合居住，前往南北极的旅程堪称 20 世纪人类最伟大的冒险。冻结的水给探险家们造成了很多问题，不过有时候，它也会带来出乎意料的解决方案。

物质从气态变成液态的关键在于，分子的距离需要近到足以发生接触，却又能自由地相对流动。而液态变成固态时，分子的位置彻底固定了下来。水结冰就是最常见的例子，其实水结冰的过程相当独特。在冰天雪地的北极，我们可以清晰地看到其中的古怪之处。

如果有机会前往挪威最北方，站在海岸边向北远眺，你就能看到北冰洋。夏天，24 小时不间断的阳光滋养着微型海洋植物形成的森林，季节性的自助盛宴引来了鱼儿、鲸和海豹。夏天慢慢过去，阳光也越来越苍白无力。

哪怕在夏天最热的时候，北冰洋的海面水温最高也只能达到 6℃，随着极昼结束，这个温度还会下降。水分子的运动开始变慢。这里的水盐度很高，所以哪怕水温降到 –1.8℃，它也能保持液态。在一个晴朗漆黑的夜晚，海水终于还是开始结冰了。或许最开始只是有一片雪花飘落在海面上，那些运动速度最慢的水分子一撞上雪花就跑不了了。不过，水分子附在雪花上的位置并不是随机的，每个新来的分子都会有一个合适的位置，原本杂乱无章的水分子逐渐形成晶体，每个分子都在六角结晶中找到了属于自己的角落。随着温度进一步下降，冰晶开始生长。

水结晶的过程有这样一个奇特之处：原本左冲右突的分子形成了有规律的固定结构，与此同时，它们占据的空间也变大了。绝大多数分子在站好队、变成固体时，分子间的距离都会缩小，水却不是这样。冰的密度小于周围的液态水，于是它漂了起来。正在凝结的冰层不断增大面积。如果冰的密度大于水，那么新形成的冰就会沉到水底，极地附近的海洋也会呈现出截然不同的另一番面貌。但在现实中，温度越低，冰层覆盖的范围就越广，海洋披上了一层白色固态水外套。

　　冰封的北冰洋上有许多令人叹为观止的东西：北极熊、冰和北极光。我尤其钟爱北极的一段历史故事，这个故事生动地体现了水凝结成冰的独特之处，也展示了人类与自然合作而非对抗的历程。故事的主角是一艘矮墩墩的小船，它熬过了极地探险史上最艰苦的旅程，它的名字是"前进号"（Fram）。

　　19 世纪末，探险家纷纷盯上了北极，这片土地离西方文明的距离已不再遥远。加拿大、格陵兰、挪威和俄罗斯的最北部都已有人踏足并完成了初步测绘，但北极点仍笼罩在未知的迷雾中。那里是陆地还是海洋？没有人到过北极点，所以谁也不知道答案。探险之旅失败了一次又一次，因为海冰总在不断地扩张、收缩和转移。有时，天气变化还会让海冰堆积起来，形成冰脊和裂缝。冰层的推挤足以将船只碾为齑粉。

　　1881 年，美国军舰"珍妮特号"（USS Jeannette）在西伯利亚北海岸外的海冰中困了好几个月，对那个年代的北极探险船来说，这样的遭遇简直就是家常便饭。天气越来越冷，海水分子不断加入冰层，扩张的冰层紧紧冻住了船壳。接下来的几个月里，海冰在凝结和融化间反复，一下一下挤压船身。"珍妮特号"不堪重负，最终解体。被迫弃船的探险家们还将面临新的危险：海冰可能融化形成一片汪洋，不乘船就别想离开。北极圈周围所有国家的领土离冰雪世界都有好几百千米的距离，变幻莫测的海冰成了横亘在探险家们面前的天堑。

　　"珍妮特号"失事 3 年后，它的残骸被冲到了格陵兰岛附近。这是个令人震惊的发现，谁也没想到船只的残骸竟能穿越整个北极圈，从极地的一边漂流到另一边。海洋学家开始思考：是否有一条洋流从西伯利亚岸边一路穿越北极直达格陵兰？

挪威一位名叫弗里乔夫·南森（Fridtjof Nansen）的年轻科学家由此产生了一个大胆的想法。如果能造出一艘不会被冰碾碎的船，他就可以乘着这艘船前往西伯利亚"珍妮特号"沉没的地方，故意让这艘船陷入海冰的包围之中。3 年以后，他或许会出现在格陵兰。关键在于，他在这趟旅程中可能会路过北极点。不需要艰苦跋涉，不需要扬帆远航，冰和海风自然会替你完成这项壮举。唯一的问题是，这需要耐心等待。这个主意传出去以后，有些人将南森奉为天才，还有一些人觉得他是个疯子。但无论如何，他都已经下定决心。南森筹了一笔钱，雇来了当时最优秀的造船工程师，因为这艘船必将不同于以前的任何船只。"前进号"就这样诞生了。

这里难点在于，水冻结成冰时，水分子在规则的结构中排列整齐。只要温度够低，它们就会一直停留在原地。如果周围没有足够的空间容纳它们，这些分子就会想尽一切办法向外扩张，不惜推开任何挡道的物体。困在海冰中的船只必将面临这样的窘境：周围的冰层不断扩张，船只的容身之地越来越小。船只无法承受这些冰的挤压，而且北冰洋中央的冰层厚度可能远超人们的估测。

"前进号"以一种极其简单的方式解决了这个问题。这艘船设计得圆乎乎的，长 39 米，宽 11 米，船壳呈光滑的弧形，几乎没有使用龙骨，发动机和船舵可以直接抬升到水面上。冰挤过来的时候，"前进号"就变成了一个漂浮的大碗。如果你试图从下方挤压一个弧形底的器皿，那么它一定会向上运动。按理来说，如果来自海冰的挤压力量太大，"前进号"会被挤到冰面上，但不会损坏。这艘船是木制的，某些位置的木材厚达 1 米，船身的隔热效果也很好，舱内的船员不会受冻。1893 年 6 月，"前进号"在万众期待之下载着 13 位船员离开了挪威，驶过俄罗斯北部海岸，来到"珍妮特号"沉没的位置。9 月，它在北纬 78°附近遇到了海冰，不久后，它就被海冰包围了。刚刚被冰围起来的时候，"前进号"发出吱吱嘎嘎的呻吟声，不过随着冰层的膨胀，它的船身渐渐被抬了起来，和工程师预计的完全一样。被海冰封冻的"前进号"就这样踏上了计划之中的旅程。

接下来的 3 年里，"前进号"随着海冰一起向北漂流，它移动的速度慢得惊人，每天只能前进约 1.6 千米，有时候还会倒退或者原地打转。周围的冰块不断推挤然后放松，"前进号"的船身也随之起伏不定。在此期间，南森一直在指挥船员进行各种科学测量，但缓慢的进展让大家越来越不耐烦。"前进号"抵达北纬 84° 的时候，人们已经非常清楚，它永远也到不了 410 海里外的北极点了。南森带着一位搭档离开船只，驾着雪橇试图前往"前进号"无法抵达的区域。

南森创下了北极探险的新纪录，但他最后到达的地方离北极点还有 4°。接下来，他穿越北冰洋前往挪威，并于 1896 年在法兰士约瑟夫地群岛遇到了另一位探险家。"前进号"载着剩下的 11 位船员继续顺着海冰漂流，它最远到达过北纬 85.5°，距离南森创下的新纪录只有几千米。1896 年 6 月 13 日，这艘船在斯匹茨卑尔根岛附近挣脱了海冰的束缚。

虽然"前进号"不曾抵达北极点，但它在旅途中留下的科学测量记录仍是一份无价的宝藏。人们由此知晓，北极是一片大洋而非陆地，北极点隐藏在变幻莫测的海冰层下，俄罗斯和格陵兰之间的确存在一条洋流。后来，"前进号"又载着船员完成了另外两次伟大的航程。第一次是在加拿大北极地区的测绘探险，为期 4 年。第二次是在 1910 年，它载着阿蒙森和他的队员前往南极，最后他们抢在斯科特船长之前到达了南极点。

今天，"前进号"静静地安放在奥斯陆的博物馆里，它已经成为挪威极地探险最伟大的标志。通过这艘船我们可以看到，人类没有硬生生地对抗海冰，而是借助它的力量，成功抵达了世界之巅。

冰块、玻璃和体温计

我们太熟悉冰了，甚至忽略了冰的膨胀。饮料里的冰总会浮起来，这样理所应当的场景就在告诉我们，冰比水密度低。我们还可以看到，结了冰的水依然是水，只不过会占据更多空间。如果你在透明的玻璃杯里倒一些水，然后加入几块比较大的冰，你会发现冰块大部分都在水面之下，只有大约10%的部分露在上面。你可以用记号笔在玻璃杯外面画一条线，记录此时的液面高度。问题来了:随着冰块慢慢融化，杯子里的水面会上升还是下降？冰块融化后，冻结的水分子全都会融入液体。这是否意味着水面将会上升？这个物理学游戏很适合鸡尾酒派对，只要你有足够的耐心（或者足够无聊），盯着杯子里的冰块看它融化。

答案很简单：水面的高度不会有任何变化。如果不相信的话，那你大可亲自尝试。冰块里的分子变成液体以后，它们之间的距离会变得更加紧密。刚融化的液体正好能填满它们作为冰块在水面之下占据的空间。之前冰块露在水面上的部分正是结冰后多出来的体积。你看不到紧密排列的原子，但是你可以看到它们结冰时额外占据的空间。[1]

从液态变成固态，意味着散漫的水分子排好了队，组成了晶体结构。虽然这种晶体并不像王冠上的水晶一样闪闪发光，但它的确也是晶体。晶体内部的原子、离子、分子按固定方式排列。盐和糖都符合这个条件。

另一种固体内部的分子排列没有这么严格。这些固体在凝固的时候显得更加随心所欲。原子的排列都发生在微观世界里，我们根本不可能凭肉眼看见。不过有时候，我们完全可以通过宏观物体看到微观结构造成的影响，最

---

[1] 冰块浸没在水面下的体积正好等于它融化后产生的水所占的体积，这个现象完全可以用浮力定律来解释。无论冰块占据的"洞"里填充的是水还是冰，杯子里剩余的水都必须托起它的重量。只要这个洞的体积不变，那么洞里装的是什么东西根本无关紧要。冰块填在洞里的时候，多余的体积会被排除在外，也就是露出水面的那个部分。

明显的例子就是玻璃。

还记得 8 岁的时候，我和家里人一起去怀特岛旅行，在那里我第一次看到了吹玻璃的人。熔化的玻璃团闪闪发光，圆滑可爱，一刻不停地改变着形状。我瞬间就深深地迷上了这一幕，最后大人们不得不把我拖走，否则我能盯着这巫术般的场景看上整整一天。在工人的努力吹制下，玻璃团先变成气泡，又变成花瓶。直到很多年后，我才有了一个梦想成真的机会：我可以亲自尝试吹制玻璃了。2016 年，一个寒冷刺骨的清晨，我和一位表亲走进了一座石头谷仓，在这间小作坊里，神秘的大幕即将拉开，魔术背后的秘密呼之欲出。

起初，一摊熔化的玻璃被装在一个小炉子里，发出明亮的光，因为它的温度达到了 1080℃。在特制手套的保护下，我们小心地把长铁棍伸进玻璃池塘搅动，蜂蜜般黏稠的液态玻璃开始黏附在铁棍上。我们加热玻璃让它变软，静置液态玻璃，让重力拉着它向下滴坠，如果铁棍是中空的，还能在熔化的玻璃里吹泡泡。这些步骤比较简单，后面的工作会越来越难。

我们轮流练习了以上几项工作，并且惊讶地发现玻璃会以极快的速度自然变化。当玻璃离开炉子的时候，你必须用好铁棍，因为这时的玻璃很容易滴到地上。几分钟后，我们就能在金属工作台上擀压这团玻璃了，现在它的黏度和橡皮泥差不多。仅仅 3 分钟后，它会在工作台上发出清脆的响声——"叮"——和你印象中的固态玻璃一模一样。有趣之处在于，处理玻璃时，你摆弄的是顺滑柔软的液体。冰冷的固态玻璃只是变硬后的形态，就像童话里被冻结在时间里的人物一样。

玻璃的特质和内部原子的运动方式有关。我们吹制的是最常见的玻璃，也就是钠钙玻璃，它的主要成分是二氧化硅（SiO_2），这也是沙子的主要成分，但这种玻璃还含有少量的钠、钙和铝。玻璃内部的原子并未形成规则的队列，而是错综复杂地互相结合。每个原子都和周围的原子紧紧相连，没有太多自由空间。玻璃受热时，这些原子更是乱成了一锅粥，它们开始缓慢地分开。由于原子最开始就没有固定的位置，所以它们可以轻而易举地彼此滑动。我们把玻璃从炉子里倒出来的时候，玻璃内部的原子携带着大量热能，在重力的作用下很容易向下滑落。随着原子在空气中逐渐冷却，它们运动的速度会放缓，彼此间的距离变短，液体变得更加黏稠。

玻璃的妙处在于，在冷却的过程中，原子没有足够的时间形成规整的结构，所以它们索性顺其自然。原子间的距离变得越来越小，相对运动变得越来越慢，直至彻底停止，液态的玻璃也就变成了固体。你甚至很难说液态玻璃与固态玻璃之间有什么确切的界限。

我们的第一个任务是每人做一件小器皿，这真是个冠冕堂皇的说法。实际上我们只是一人吹了个玻璃泡泡，然后看着老师在每个泡泡上加了个熔化的玻璃环。吹泡泡的活儿不好干，我的腮帮子鼓得生疼，感觉就像拼命吹了个特别厚的气球。最需要技巧的是最后一步：把做好的器皿从铁棍上取下来。

经过一番拉扯和塑形，我的作品上留下了一段细细的颈，按理说事情就要收尾了。用锉刀在这段颈上磨出纤细的裂纹，然后把它送上成品工作台，轻轻敲击铁棍，玻璃器皿就会安稳地落下来。但是真动起手来，事情又没这么简单。新产生的裂纹迫不及待地急速扩大，导致器皿直接从铁棍上掉了下去。此时玻璃没有完全冷却，所以它两次从地板上弹了起来。老师赶快把它捡了起来，这件作品安然无恙，但脆弱的玻璃膜已经变了形。要是这玩意儿掉下去的时间再晚一分钟，玻璃的温度再下降一点点，那它铁定会摔个粉碎。

这就是玻璃的启示。原子的行为和温度有关。高温可以让原子自如地动起来。冷却冷却，原子们会更靠近，这时候玻璃能在地上弹跳。再冷却一些，原子就会完全站住。这时，任何变数都会在这脆弱的固体上制造出裂缝，这时候玻璃很容易被砸碎。

玻璃有着液体之美，但它又不像水那样难以控制。事实上，尽管软化的玻璃很像液体，但它却是如假包换的固体。水泥地面上的弹跳泄露了这个秘密：固体才会有弹性，液体不可能具备这种性质。重点在于玻璃这种结构带来的特性：温度的变化很容易改变材料的表现。

现在我们或许应该澄清一下与玻璃窗有关的诸多流言。有人说，有 300 年历史的玻璃窗下半部分要比上半部分厚，因为随着时间的流逝，玻璃会缓慢地向下流动。这完全是无稽之谈。玻璃不是液体，它根本不会流动。之所以会出现下厚上薄的情况，是因为这些玻璃窗采用了一种非常精妙的制作工艺。人们将熔化的玻璃团绞在铁棍上，棍子以极快的速度旋转，将玻璃团摊成平坦的圆盘。[1] 等到圆盘冷却下来，人们就会把它切割成窗玻璃。这种工艺的缺点在于，圆盘靠近中央的部分总会比外面厚一些，所以将它切割成玻璃窗以后，总会有一头要厚一些。人们在装玻璃窗的时候总爱把较厚的那头朝下安装，这样有利于快速排干雨水。所以，玻璃并没有向下流动，它本来就是那样的。

我们的玻璃器皿并没有直接放在外面冷却，而是被送进了回温炉过夜。炉子的温度会在整整一夜的时间里缓慢地降低，直至清晨到达室温。之所以要这样做，是因为即便玻璃凝成了固体，原子的位置仍然不是完全固定的。加热某件物品，即便升高的温度不足以让它从固体变成液体，内部的原子排列依然会发生细微的变化。玻璃器皿冷却时也会发生同样的事情：原子会发生位移。我们之所以需要回温炉，正是为了让这样的位移来得尽量舒缓一些、均匀一些。否则，失衡的力可能会让玻璃碎裂。这里有一条简单的定律：原

---

1 以这种工艺制作的玻璃被称为"冕玻璃"，你也许好奇过这个名字的来历。很多古老的酒吧窗玻璃中央都有一个圆形斑点，那是铁棍留下的痕迹。靠近中央的玻璃是最便宜的，因为它的厚度很不均匀。当然，今非昔比，现在这样的"特质"已经身价百倍。正如我的北方亲戚们所说："你在高级餐厅里还得为这些东西多付一笔钱。"当然，在我们提到的高端酒吧里也是一样。

子的位置或许是固定不变的，但相邻原子之间的距离却不是。受热的物体会膨胀。

●

现代的电子测量设备能带来许多便利，但也有不利的一面：离开了原始的测量手段，我们逐渐忘记了这些量度的本意。其中最令人伤感的例子就是玻璃温度计被电子温度计替代。

过去 250 年间，玻璃温度计一直是实验室和普通家庭的基本测量工具。现在你还能买到玻璃温度计，我在实验室里也使用它，但在很多地方，人们已经改用电子温度计。儿时记忆中闪闪发亮的水银柱早已被红色酒精取代，但从本质上说，现代温度计与华伦海特（Fahrenheit）在 1709 年发明的设备并无区别。

华伦海特的温度计实际上是一根中空的细玻璃棍，其中一端膨胀形成一个小囊，里面装满了液体。将温度计的这一端放进需要测量温度的东西（比如洗澡水、腋窝、大海）里，你就可以优雅而便捷地完成任务。

温度越高，物体分子和原子运动越活跃，携带能量也越多。假设你把温度计放进浴缸，冰冷的玻璃管被热水包围，那么热水中快速运动的分子会撞击玻璃，把能量赋予玻璃的原子，让后者活跃起来。玻璃里面的原子不会乱跑，却可以在原地剧烈振动。就这样，玻璃的温度升高了。玻璃里的原子又会在活跃的振动中冲撞液态酒精分子，再次传递能量。于是，温度计的小囊开始升温，最后温度等同于浴缸里热水的温度。

所有物品在受热时都会膨胀，因为活跃的分子和原子需要更大的活动空间。但酒精分子膨胀的幅度比玻璃大得多。同样的温差下，酒精体积膨胀的幅度大约是玻璃的 30 倍。现在，小囊里的酒精需要更多的空间，于是它只能进入中空的细管里。酒精在管内上升的距离与酒精分子的受热情况直接相关，温度计上的刻度会做出合适的标定。如果小囊里的液体冷却下来，酒精分子运动速度减缓，需要的空间也随之缩小，达到的刻度线也会降低。一切就是这样精妙，通过玻璃温度计上的刻度，你可以直接读出原子无规则运动的剧烈程度。

不同材料受热后的膨胀率不同。打不开果酱瓶盖的时候，你可以用热水冲一冲整个瓶子。玻璃瓶身和金属瓶盖都会膨胀，但金属的膨胀率远大于玻璃。因此在受热之后，瓶盖更容易打开。尽管这些物体体积的变化小得微不可察，但你能够清晰地感受到变化的结果。

一般来说，固体受热时的膨胀率小于液体。这种膨胀看似微不足道，实际上可以产生很大的影响。下次步行经过公路桥的时候，你不妨注意一下，桥上每过一段距离就会有一道横贯路面的金属条。它可能由两块互相咬合的梳状金属板拼成。这是工程师为桥面膨胀预留的伸缩缝。你会发现这样的东西几乎无处不在。伸缩缝的意义在于，随着温度的升降，这根金属条允许桥面建筑材料发生轻微的膨胀和收缩，而不影响桥面的平整。如果桥面膨胀，梳板的榫齿就会咬合得更紧；要是桥面收缩，榫齿就会松开一些，但不至于出现大的裂缝。

对温度计来说，受热膨胀非常实用，但在别的地方，这可能造成严重的后果。海平面上升就是这样的一个问题。由于温室效应，目前全球海平面上升的速度大约是每年 3 毫米，而且这个速度正在逐年加快。随着冰川和冰盖逐渐融化，曾经被封锁在陆地上的水正在回归海洋，所以整体而言，全球的海水总量正在增加。不过，这部分水对海平面上升的贡献大约只有总量的一半，另一半要归因于受热膨胀。海洋变暖，海水必然需要占据更多空间。目前最准确的估计是，全球变暖产生的额外热量大约有 90% 最终被海洋吸收，导致海平面上涨。

鸭子的绝活

南极高原的秋天静谧而安宁。北半球正沐浴在夏日的阳光中，南极大陆却被极夜的黑暗笼罩。在横贯这片高原的高山上，长达数月的极夜才刚刚开始。这里几乎没有雪花飘落，但地表的冰层厚度仍然达到了 600 米。这里的天气格外平静，来自大地的热量不断流失到星夜之中，没有任何阳光来弥补损失的能量。热量的入不敷出带来了超乎想象的低温，在这片高海拔山区，冬季气温时常徘徊在 –80℃左右。2010 年 8 月 10 日，某一片山麓的气温甚至下降到了 –93.2℃，这是地球上有记录可查的最低气温。

雪花由细小的冰晶组成，而组成冰晶的是排列整齐的原子，这些原子会在原地振动，振动和能量、温度息息相关。如果要问最冷的冰有多冷，这里可以给出一个直白的答案：所有原子都静止不动的时候，物质就达到了最低温度。

要知道，至少在我们这颗星球上，即便是在没有光也没有生命的极寒之地，原子依然在发生微弱的振动。整个南极高原都由颤动的原子组成，如果将这里的温度提升到 0℃，那么需要让现有能量翻倍。如果你设法剥夺一切能量，原子就会达到最低温度，也就是"绝对零度"，即 –273.15℃。在这个温度下，无论周围是什么条件，任何原子都会彻底停止运动，也不再拥有任何能量。与绝对零度相比，哪怕是地球上最冷的南极洲之冬也相当温暖了。

不过，让原子彻底停止运动其实非常困难。你必须花费很多心思来确保周围的任何物体都不会传来能量，有一点差池就会前功尽弃。尽管如此，仍有科学家殚精竭虑，想尽一切办法消除物质中蕴含的能量。这些科学家研究的是低温物理学，这并不像听上去那样没有实用性，医学成像技术的发展就得益于这类研究。

大多数人哪怕只是想一想极低的温度也会觉得很不舒服，看着鸭子赤脚在冰水里游来游去，你不免总会有几分困惑。

温切斯特是英格兰南部一座可爱的小城，城里有一座古老的大教堂，还有几家正宗的英式茶馆。漂亮盘子里装着分量十足的司康饼。夏天，五彩缤纷的花朵和蔚蓝如洗的天空将小城装点得像明信片一样漂亮。有一年，我和一位朋友在飘雪的冬日去了一趟温切斯特，结果发现了更加美妙的东西。我们把自己裹得严严实实，沿街一路向前，最后走到了一条小河边。河畔无人沾染的雪地仿佛两条洁白的毯子。在温切斯特，我最喜欢的不是那些石头建筑，也不是亚瑟王的传说，更不是司康饼。在那个冰寒彻骨的冬天，我执意拽着朋友去看的东西其实再平凡不过：我想看的是河里的鸭子。我们沿着河边小道在雪中艰难地走了一小段路，终于看到了此行的目标。

就在我们到达的时候，正好有一只鸭子摇摇摆摆地走过河边最后一段冰面，义无反顾地跳进了水里。然后它和周围的所有同伴一样，开始迎着流淌的河水，一边飞快地划动脚掌，一边低头在水中寻找食物。这一段河道相当狭窄，河水流速很快。鸭子在水下不深的地方就可以找到食物，但必须全力划水才能停留在原地进食。温切斯特的小河就是鸭子的跑步机，它们对这个游戏乐此不疲。所有鸭子面朝同一个方向不断划动脚掌，仿佛永远都不会停止。

我们旁边的一个小女孩低头看了看自己被雪覆盖的靴子，然后指着站在岸边冰面上的鸭子，问了妈妈一个特别棒的问题："它的脚为什么不会冷呢？"妈妈没有来得及回答，因为就在那一刻，真正精彩的一幕出现了。一只鸭子不小心游得离同伴太近，由此引发了一场混乱。两只鸭子嘎嘎乱叫，拍打着翅膀，激得水花四溅。有趣的是，混乱让这两只鸭子都忘了划水，所以它们双双被河水冲往下游。几秒钟后，它们突然发现自己漂远了，于是这两只鸭子又迅速忘记了彼此的恩怨，开始奋力划水、逆流而上，试图回到刚才的位置。这耗费了它们不少时间。

河水的温度几近冰点，但这些鸭子似乎一点也不觉得冷。在那冰冷的水面下，鸭子拥有脚部保暖的独门秘方。要解决的关键问题关乎热的传递。如果你把高温物体放在低温物体旁边，那么高温物体中运动速度较快、携带能量较多的分子或原子必然会冲撞低温物体的分子或原子，从而将能量传给后者。于是，能量总是从高温物体向低温物体流动，一边是迟缓的微粒，一边是活跃的微粒，显然后者更容易感染和带动前者。

一般而言，如果不同温度的物体靠在一起，那么它们的温度最终会变得一样，这也是一种平衡。说到鸭子，我们首先要了解流经它们脚部的血液，这些血液来自鸭子的心脏。作为身体的核心，鸭子心脏的温度大约是 40℃。当盛着温暖血液的脚丫进入近乎冰点的河水时，二者之间的温差会让血液失去能量。变凉的血液继续在身体里循环，必然和鸭子的整个身体产生温差，于是整只鸭子的温度都会下降。鸭子可以略微限制流向脚部的血量，但这不能彻底解决问题。实际上它们运用的是一条更加简单的法则：两件相互接触的物体温差越大，高温物体向低温物体散失能量的速度就越快。换句话说，两件物体的温差越小，能量的流动就越慢。这才是鸭子真正的秘诀。

鸭子快速划动脚掌的时候，温暖的血液沿着它的双腿动脉向下流动，动脉旁边就是静脉，后者负责把变凉的血液送回心脏。显然，温暖血液中的分子会碰撞动脉壁，动脉壁分子又会碰撞静脉壁分子。最终，能量从动脉血传往相邻的静脉血。流向鸭子脚部的动脉血会变凉一点，而流回心脏的静脉血又会变热一点。

沿着鸭腿继续往下，静脉和动脉的整体温度都会下降，但动脉还是要比静脉暖和一点。因此，在整个脚丫的任何一段，动脉血总会温暖相邻的静脉血。来自鸭子躯干的温度并不会只顺着动脉往下送，这些血液在输送的过程中一直在将自己的能量分给旁边的静脉血。等到动脉血最终到达带蹼的鸭脚时，它的温度已经变得跟水温差不多了。鸭脚并不比河水暖和多少，所以它损失的能量也极其有限。而静脉血在向上流动的过程中则不断吸收来自动脉的能量。这个过程叫作逆流热交换，这种方式可以最大限度地减少能量的损失。只要鸭子能确保能量不流向脚掌，那么它的脚自然就不会成为能量散失的黑洞。鸭子之所以能够愉快地站在冰面上，正是因为它们的脚掌本身就是冷的。而且它们对此毫不在意。

　　动物王国中有不少物种独立演化出了类似的策略。海豚、海龟尾巴和鳍足里的血管也采取了相似的排列方式，所以它们在冷水中游动时也能有效维持体温。北极狐体内也是这种机制。这些狐狸的爪子需要直接接触冰雪，但它们仍能保证体内关键器官的温度。这种方法非常简单，却又十分有效。

　　我和我的朋友没有这些动物的本领，所以我们只在雪地里待了一小会儿。我们又看了另外几场争斗。表达了对这些鸭子的羡慕之后，我们就回去吃司康饼了。

滚烫的勺子和冰冷的食物

　　几代科学家从数千次实验中得出结论：热量的流动方向遵循一个简单的规则，总是从较热的物体流向较冷的物体。这是一条基本的物理学定律。不过，它并未给出热量流动的速度。把沸水倒入陶瓷马克杯的时候，你可以一直握着杯子的把手，直到里面的水彻底冷却下来。这个过程中你绝不会受伤，因为把手的温度不会升高太多。但是，如果你把金属勺子放进沸水里，然后一直抓着勺柄，那么几秒钟后你就会被烫得哇哇乱叫。金属传热的速度极快，而陶瓷传热的速度极慢。我们可以说，金属更容易被身边活跃的微粒所带动。金属和陶瓷的基本成分都是排列整齐的原子，这些原子都只能在原地振动，而不能随意流窜，为什么它们的导热性能差别如此巨大？

陶瓷杯体现的是靠整个原子传递振动的结果。正如我们曾经说过的，每个原子都会推挤身旁的原子，能量就这样沿着整道链条层层传递。你之所以能够抓着杯子把手而不会被烫伤，是因为这种方式传递能量的速度很慢。而且，大量能量来不及传到你的手上就已流失到空气中。陶瓷、木头和塑料都是热的不良导体。

金属勺子却走了一条捷径。和陶瓷一样，金属原子要老实地待在原地。不同之处在于，每个金属原子的周围都有几个活泼的电子（我们稍后会聊到电子）。相邻的金属原子可以轻而易举地交换电子，这是陶瓷原子做不到的。金属原子只能乖乖站在队伍里，这些电子却能在整个结构中往来穿梭。它们在所有金属原子间形成了一片电子之海，一有风吹草动，立马波涛汹涌。金属导热的关键就在这里。

你将沸水倒进杯子里的时候，灼热的水分子会将部分热量传递给陶瓷杯壁，这些热量又会缓慢地从一个陶瓷原子传向下一个原子。而对于金属勺子来说，接触热水不仅仅意味着水分子的振动会传递给固定在原地的金属原子，还意味着电子之海开始动荡。小小的电子在金属结构内以极快的速度运动。当电子在金属勺子内部四处流动时，它们传递热振动的速度要比完整的金属原子快得多。电子以极快的速度将热量传到勺子顶端，整个金属勺子的温度随即升高。

不同金属的导热速度也不一样。铜的导热性能更好，铜勺传热的速度大约是钢勺的 5 倍。因此，有些烹饪锅具的锅身是铜的，柄却是铁的。人们希望铜质锅身能够快速均匀地将热量传递给食物，却不希望锅柄也被烧得滚烫。

一旦证明了原子的存在，你自然会好奇这些小东西在不同的环境里会有什么变化。这直接引出了下一个问题："热"是什么？当我们提到传热时，"热"似乎是一种液体，在各种物体之间流动。实际上，"热"是一种动能，不同的物质发生接触时，这种动能会在它们各自的微粒间分享。温度是直接体现这种动能的量度，我们可以利用不同的材料（比如导热性能良好的金属和导热性能很差的陶瓷）来控制热能在不同物体之间的分配。细想之下，你不难发现，控制温度对人类社会而言至关重要，极大地影响着我们的生活。人类花了很多时间来为自己保暖，与此同时，食品药品行业又为制冷投入了大量人力物力。在本章的末尾，我们不妨了解一下各式各样的冰箱和冷冻机。

　　奶酪受热时，它内部的分子会变得活跃，能量增多，这意味着可用于化学反应的能量也增加了。也就是说，奶酪表面的微生物可以开动身体内部的工厂，开启腐坏的进程。因此，我们需要冰箱。冰箱冷却了食物，安抚了分子，微生物的能量来源也被掐断了。所以冰箱里的奶酪比室温下的奶酪保存得更久。冰箱真是了不起，它可以让外部的空气更热，内部的空气更凉。[1]

　　低温有利于食物的保存，因为这样限制了分子的变化。你不妨想象一下，没有冰箱的生活会是什么样。你失去的绝不仅仅是冰激凌和冰啤酒。你得大幅增加购物的频率，因为买回来的蔬菜总是放不了两天就会坏掉。要想吃到牛奶、奶酪或者肉类，你必须住在农场附近；要是想吃鱼的话，就不能离海边太远。新鲜的蔬菜沙拉只有在应季的时候才会出现在餐桌上。我们可以利用酸渍、干燥、盐腌、罐装等办法保存部分食物，但无论如何，你都没法在12月吃到新鲜番茄了。

　　超市背后隐藏着仓库、船只、火车和飞机组成的一整套冷藏供应链系统。在罗得岛采摘的蓝莓也许一周后就会被送到加利福尼亚州出售，从离开枝头到送上超市货架的整个过程中，它都不可以从周围的环境中得到足以升温的能量。正因如此，我们才相信自己买到的食物是安全的。需要冷链配送的不仅仅是食物，很多药品也需要保冷。疫苗在温暖的环境中特别容易失效，发

---

1 这里用到的其实是我们在第1章中介绍的气体定律，冰箱通过控制气体的膨胀和收缩来影响它的温度。冰箱里有台发动机，可以推动制冷剂在连通内外的回路中流动。首先，液体膨胀，温度降低。低温液体通过背面的管路进入冰箱内部，在这里，液体吸收热量，冷却冰箱里的空气。然后，这些液体重新回到冰箱外，压缩升温。多余的热量散发到空气中，然后液体再次膨胀，循环重新开始。

展中国家推广疫苗的一大障碍正是他们难以保障全程冷链。环环相扣的冷链在我们这颗星球上纵横交错，连接着农场、城市、工厂和消费者，人们厨房里的冰箱和医生手术室里的冷冻机不过是这条长链的最后一个环节。牛奶一离开奶牛的身体就会进入工厂进行巴氏消毒处理。而它下一次受热八成得等到你打开盒子准备做热饮的时候。在整个冷链配送的过程中，牛奶中的分子一直维持着低能量的状态，能让牛奶腐坏的化学过程几乎被彻底关闭了。我们不让分子活跃起来，通过这种方法来保证食品安全。

下次往饮料里加冰块的时候，你可以观察一下冰块融化的过程。你可以想一想，在热量从水流向冰块的过程中，微不足道的原子如何传递能量。哪怕看不到原子，你依然能够发现它们对周边的事物造成的影响。

第 7 章

勺子、旋涡
和"伴侣号"

- 旋转定律 -

旋转中的稀奇事

泡沫的妙处在于，你知道它总会浮到最上面。它们要么像鱼缸和游泳池里的气泡一样上浮，要么像香槟和啤酒沫一样聚成一团待在液体上方。泡泡最后似乎总会升到液面的最高点。其实这里也有例外。下次搅拌杯子里的茶或者咖啡的时候，请好好看看杯子。就在你转动勺子的时候，水面上发生了不寻常的事：茶水的表面形成了一个洞。随着液体的旋转，茶水中央向下凹陷，靠近杯壁的部分则会上升。浮在茶水表面的泡泡全都跑到了这个洞的最底下。现在，茶水与杯壁相交的地方才是液面的最高点，但泡沫并不会出现在这里，反倒跑到了液面的最低点，再也不肯挪窝。就算你把泡沫拨开，很快它又会固执地回来。液面边缘产生的新泡沫也会打着旋儿流向中间。真是太奇怪了。

你用勺子搅动茶水的过程实际上是在推挤杯中的液体。勺子将茶水向外推，但茶水的运动距离非常有限，因为不远处就是杯壁。如果你在游泳池里搅动勺子，被搅动的水就会毫无阻碍地向前运动，最终和游泳池里的水融为一体。但小小的杯子里没有足够的空间，坚硬的杯壁会毫不留情地把撞上来的液体挡回去。杯壁就是一堵墙，茶水无法逾越它。既然茶水无法直线运动，它就会沿着杯壁开始打转。在这个过程中，茶水还会沿着杯壁向上冲。茶水会锲而不舍地试图走直线，它之所以会转圈，完全是被逼无奈。

这就是旋转物体教给我们的第一课。如果你突然撤掉了障碍物，那么它们一定会按照障碍物消失那个瞬间的方向继续向前运动。想象一下掷铁饼的运动员，他们抓着铁饼原地旋转，转上几圈以后，铁饼的速度已经变得很快了，但它仍将保持旋转运动，因为运动员将它紧紧抓在手中。运动员不断对铁饼施加拉力，拉力的方向沿着他的手臂指向旋转的中心。就在运动员松手的那个瞬间，铁饼笔直地向外飞出，它的速度和方向与运动员松手的前一刻一模一样。

被搅拌的茶水中央之所以会形成一个洞，是因为每一滴茶水都试图沿直线运动，但由于杯壁的阻挡，它只能沿着杯壁向上爬，所以杯子中央的茶水变少了。就算你停止搅拌，这个洞也不会立即消失，因为茶水还在旋转。当液体旋转的速度逐渐变慢，杯壁附近的茶水不再往上冲，自然就落下来了。液面中央的洞也随之慢慢填平。你可以通过液体观察到这个过程，因为液体可以自由地运动并改变形状。

液面中央的泡泡也会随茶水旋转。它们之所以会出现在杯子中间，其实是因为这个地方大家都不愿意待。如果你把一杯啤酒放在桌上，啤酒泡沫一定会漂在杯子最上方，因为这时啤酒喜欢待在杯底，软弱的泡沫对此毫无办法。茶水也遵循同样的道理。泡泡之所以会出现在中间的洞里，是因为水正忙着往杯壁上冲，于是泡沫被挤到了没有水的洞里。液体的密度大于气体，所以在分派位置的时候，液体总是比气体更有选择权。

我们身边有很多旋转的物体：干衣机、正要脱手的铁饼、腾空翻转的煎饼，还有陀螺仪。另外，地球绕太阳公转的同时也在自转。旋转至关重要，因为它能帮你做很多有趣的事，这有时会牵涉大量的能量和力，而且一切都局限在较小的范围内，最糟糕的结果无非就是原地踏步。不要小看茶水里的现象，同样的原理还能解释很多事情。为什么不在南极发射火箭？医生通过什么办法来检测患者体内的血红细胞数量？未来的电网什么样？了解了旋转的原理，你就能知道这些问题的答案。不过，你首先需要明白，旋转中的物体无法直线运动。

自行车和弯道飞行

旋转的物体需要一个指向圆心的力迫使它不断改变方向，这是一个放之四海而皆准的道理。如果失去了这个力，物体就会停止转圈，转而沿着直线运动。因此，要想转圈圈，你必须设法得到一个这样的力。物体运动的速度越快，需要的力就越强，因为旋转速度快的物体更难控制。

运动会的举办方总喜欢把观赏性强的项目放在环形赛道上进行，因为让运动员在绕圈中完成比赛有几个妙处。参赛者可以尽情提速，场地绝对够用，付了钱的观众绝不会看不见比赛。为了确保参赛者获得足以让他们停留在赛道上的向心力，某些项目的赛道会修成有倾斜角度的弧形弯道。自行车室内场地赛就是个典型的例子。不过，在我尝试这项运动的时候，真正吓我一跳的不是赛道的长度，而是它的坡度。

我从小就是个狂热的自行车爱好者，但在室内场地骑车和平时的骑行完全是两码事。伦敦奥林匹克自行车馆内部光线明亮，空间开阔，而且十分安静。我的出现打破了寂静，他们为我准备了一辆看起来异常纤细单薄的单速自行车，没有刹车，而且我从没坐过这么难受的车座。指导新手的讲解结束后，我们踩动脚踏板，沿着赛道开始骑行。赛场看起来真是大极了。环形赛道有两条较长的直边，骑到直边尽头，高耸的弧形弯道出现在我们眼前。弯道非常陡峭（大约有 43°），我觉得设计者想修的其实是一堵墙。这样陡峭的斜坡看起来完全不适合骑行，但我们的小队已经无路可退，只能向前。

我们先在主赛道内侧平坦的椭圆形场地展开练习。这里的地面很光滑，车骑起来感觉不错。然后，我们在教练的指引下向外挺进，开始踏上微微有一点坡度的浅蓝色地带。接下来，就像学飞的雏鸟一下子被推出鸟巢，我们也得攀上陡峭的主赛道了。

我立即体会到了惊慌的感觉。我原本以为弧形赛道的坡度是渐变的，结果却发现自己想错了，赛道最低处和最高处的斜度完全一样，只要踏上主赛道，你就得面对陡峭的斜坡。我不知道这算不算直觉，总之我逼着自己的脑子做出了符合逻辑的判断：骑得更快一点似乎是个好主意。骑了三圈以后，我彻底忘记了屁股下面的车座到底有多不舒服。我们骑了一圈又一圈，就像巨型转轮里疯狂的仓鼠，偶尔我们也会停下来，让教练检查大家的情况。整整 25 分钟的时间里，我在惊慌中不断学习。

这里的关键在于，你希望自行车倾斜，让车身尽可能地垂直于坡面。在做到这一点的同时，你还不想从斜坡上掉下来，唯一的办法就是加快速度。这背后的原理和旋转的茶水完全相同。自行车始终倾向于水平直线前进，但这个愿望却无法实现，因为赛道是弯曲的。赛道的阻碍为自行车提供了垂直于赛道的支撑力，再加上重力的影响，你受到的合力最终指向赛道构成的圆心。这个力不小，你只能加快速度，让它把精力全花在维持旋转上。如果它还有余力，自行车就会被它拽倒。我当时感觉就像在墙上骑车，好在我骑得还算稳当。

我早就知道这些现象背后的理论了，但亲身体验又得到了一点不同的感受。刚开始，你根本没有机会休息，你得猛蹬踏板才能把自行车带动起来。不过，达到一定的速度之后，你要做的就是维持节奏了。有那么几次，我想停下来歇一会儿，就像平时在路上骑累的时候一样。但我知道，放慢速度，我很容易摔倒。我的身体立即分泌大量肾上腺素，我又重新开始疯狂地踩动踏板。这种自行车完全无法靠惯性滑行，你必须不停地蹬踏，无论双腿有多累。只要稍微放慢一点速度，你立即就会从赛道上往下滑。亲身尝试以后，我立即对每天进行场地自行车训练的运动员产生了由衷的敬意。我觉得敢于尝试赛道骑行的人也同样值得佩服。在这样的赛道上，想超车就必须绕远路，你要比对方快得多才有可能争取到一个机会。幸好我们不是比赛，不用老惦记着超车，对此我感到十分愉快。

这次体验告诉我，只要方法正确，那么坡度越陡，它赋予你的向心力就越强大。在弧形赛道上骑车需要这样的力，在直道上骑车则不需要，因为只有在弧形赛道上你才需要转向。转向的速度越快，需要的向心力就越大。让你自然跑完陡峭弯道的速度，在平坦的弧形赛道上会把你甩出去。这是因为平坦赛道可以提供的向心力（轮胎的摩擦力）无法驾驭那样的速度。自行车运动员不甘心让室内场地赛的速度局限在摩擦力允许的范围内，陡峭的弧形赛道解决了这个问题。

赛道向内支撑自行车运动员，大地向上支撑我们，这两种现象背后的原因完全相同。要是脚下的大地突然消失，你就会掉下去，因为重力会向下拉扯你。也就是说，地面实际上为我们提供了一个向上的推力，以此来对抗重力的拉扯。骑行者会在赛道上同时感受到向上、向内两个方向的推力，换句话说，重力同时赋予了他们向下、向外的拉力。

有一项场地自行车赛的名字非常贴切——飞行 200 米计时赛（flying 200-metre time trail）。我觉得参赛者一定能体会到飞翔的感觉。而这项比赛之所以叫这个名字，是因为参赛者在计时开始前就已经达到了极高的速度。在我写书的时候，这项比赛的世界纪录是 9.347 秒，由弗朗索瓦·佩维斯（François Pervis）创造。这个速度相当于 21 米 / 秒，或者 77 千米 / 小时。当他以这样的速度经过弧形弯道时，一定体会到了飞的感觉。

正如我们在第 2 章中看到的，作为一直存在的力，重力会影响万事万物，不过有时候你要等待很久才能看出它的效果，静置奶油分层就是个例子。在这里，旋转给了我们新的选择。要想增加重力，你不必大费周章前往另一颗行星。在抵达赛道最高处时，自行车运动员感受到的重力就会变大。不过，地球上最优秀的场地自行车运动员也只能达到 77 千米 / 小时的速度。在其他条件下，旋转速度是可以不断创造新高的，只要有足够的向心力。

离心机和宇航员

第 2 章讲过，重力可以让脂肪从牛奶中分离出来，漂到瓶子的最顶端，还记得吧？自然完成这个过程需要几个小时。但是，如果你把牛奶放进一根飞速旋转的长管子里，那么强大的离心力就会在短短几秒内将奶油液滴分离出去。这就是现代乳品业提取奶油的方法。静置分离的速度太慢，现代食品制造业没时间去慢慢等待。离心力和转动的物体如影随形，它的强度取决于转速。这就是离心机的原理：离心机的核心结构是一条能够固定物品的旋臂，向心力推动旋臂转动时，物体就会承受强大的离心力。

只要施加的向心力够强，离心机就能分离出单靠重力永远不可能分离的物质。以验血为例，血样会被医务人员送进离心机。离心机高速旋转时，血样承受的离心力可能达到重力的 2000 倍。红细胞的密度较大，但体积很小，正常情况下单靠重力我们永远不可能把它分离出来，但这些细胞无法抵御离心机产生的强大力量。在这种条件下，只需要 5 分钟时间，几乎所有红细胞都会离开离心机的中央，聚集到采样管底部。这时，工作人员就可以取出采样管，通过沉积层的厚度直接测量红细胞在血液中所占的百分比。这种简单的测试能够反映一系列健康问题，同时还可检查运动员有没有服用兴奋剂。如果没有旋转产生的离心力，那么这样的测试会比现在难得多，也贵得多。除了小小的血样以外，离心力还能作用于更大的物体。世界上最大的离心机甚至能转动一个活生生的人。

不少人对宇航员的生活羡慕不已：他们能看到地球的壮丽景色，还有机会摆弄各种各样的高科技，积攒数不清的精彩故事，无论走到哪里都会引来一阵艳羡，因为他们从事的是世界上最罕见、门槛最高的工作。不过，要问大家最羡慕宇航员的哪一点，大多数人都会回答：失重。在没有"上""下"之分的空间中自由飘浮，听起来轻松而令人向往。

我接下来要说的事实可能会让你感到惊讶：宇航员在训练中需要为失重状态的反面做准备，也就是说，他们必须承受额外的重力。目前进入太空的唯一方式是乘坐火箭，而火箭会产生超高的加速度。从太空返回地球的旅程更艰难，宇航员需要承受重力 4~8 倍的力量。在地球上，也许只有高速转弯状的战斗机飞行员会面临同样的状况。如果你在电梯加速时都会觉得有点反胃，那么这份工作不适合你。在飞船速度急剧变化的过程中，人的大脑会面临大量血液涌入或是涌出的情况，体内的一些毛细血管甚至可能因此而爆裂，这些细节实在谈不上愉快。但宇航员不光要受得了这些，还得工作，这一点在飞船驾驶员身上尤为明显。好在人是可以习惯成自然的，于是人们想出了训练宇航员的方法。

加加林宇航员训练中心在莫斯科东北面的星城，所有宇航员都要在这里接受长时间的训练。除了教室、医学设施和飞船模拟器以外，中心里还矗立着一台 TsF-18 离心机。这台离心机安装在一个宽敞的圆形大厅里，它的旋臂长达 18 米。旋臂尽头的舱室可以根据当天的训练需求进行更换。坐在舱室里以每圈 2 秒或 4 秒的速度旋转，这是所有受训宇航员的必修课。这个速度听起来似乎不算快，但要是仔细计算一下，你就会发现舱室每小时实际要跑 100~200 千米。

经过初步的适应后，宇航员开始学习在这样的环境中工作，工作人员会监控他们的身体状况。需要坐离心机的不光是宇航员，试飞员和战斗机驾驶员也得接受这种训练。中心甚至为付得起钱的普通大众提供了体验式课程。不过，请务必小心：所有人都一致同意，这门课会让你非常难受。当然，要是你真想试试持续承受极强的力是什么感觉，那么离心机的确是个不错的选择。

人们通过离心机利用物体在旋转时所受的力，营造了一种人造重力。除此以外，旋转的物理学原理还有另一种利用方式。茶水、自行车运动员和宇航员的旋转都被局限在一个极小的范围内，有一道坚固的藩篱阻止了继续向外的运动。要是没有这道藩篱又会怎样？这样的场景并不罕见。橄榄球、旋转陀螺和飞盘都是无束缚的旋转物体。不过，要探讨这个问题，我们可以采用另一种更加有趣的道具，而且它还能吃，那就是比萨。

飞饼和地球自转

在我看来，完美的比萨应该拥有一层薄而脆的饼皮。饼皮看似朴素，却是必不可少的，只有好的饼皮才能衬托出馅料的光彩。刚开始制作时，比萨饼只是个圆乎乎的面团，厨师通过揉搓和发酵让它呈现出最美好的一面。要把面团摊成薄薄的饼，却又不能让它破掉，这是每一位师傅都要修炼的功夫。甚至有人更进一步，将这门基本的技巧变成了艺术。这些"飞饼大师"学会了用旋转来完成任务——既然物理学知识能搞定琐事，又何必一点点地揉搓面团呢？何况，空中飞舞的饼皮还会让厨师看上去神秘而有趣。

抛掷比萨面团逐渐演化成了一门颇具观赏性的运动，现在已经有了一年一度的世界大赛。甚至有一群人自称"比萨杂技演员"，他们的拿手好戏就是让一张（或者两张）比萨饼皮在空中飞转，甚至让饼皮绕着表演者的身体翻筋斗。当然，这种表演用的比萨最后应该没人吃，但空中飞舞的面团的确让人印象深刻。也有不少厨师只是老老实实地运用旋转的力量来加工饼皮，而不搞这些花哨的把戏。在这里，旋转到底有什么魔力呢？

最近，几位爱吃比萨的朋友带我去了一间很不错的餐馆，他们的厨房是开放式的。我说我想看看怎么转比萨饼皮，几位年轻的意大利厨师笑了几声，然后推举出了一位勇敢的志愿者。那位厨师腼腆而自豪地走到人群中央，开始拍打、压平面团。然后，厨师托起面团，从中间轻轻一拨，整个面团开始在空中旋转。

接下来的一切仿佛发生在电光石火间。面团转着圈离开了厨师的手，突然间它自由了，没有谁的手会对它施力了。为方便解释这个过程，我们来看一看面团边缘的一个点。此时它正在做旋转运动，这是因为面团的其余部分紧紧粘着它，向它施加了一个向心力。不过，这时面团旋转的速度过快，超出了原有向心力的承受能力，面皮上的各个点向边缘拉扯，试图逃离中心，像脱手的铁饼那样飞出去。但面团是柔软可塑的，受到这样的拉扯之后，它会变得更加平展。面团的边缘受到了中心的拉扯，这也意味着拉扯的力贯穿了整个面团，整个面团的形状都会变化。

任何旋转的固体内部都会产生你看不见的力。维系比萨完整的内部力量同样拉扯着面团，所以面团的边缘开始变得离中心越来越远。厨师最重要的技能就是尽量让面团内部的拉力保持平稳均匀。整个比萨面团都在旋转，所以它的边缘也会均匀地向外伸展。

有时候你自己也能感受到这种看不到的力。你可以抓住一个装有重物的袋子，然后水平伸直手臂开始原地旋转。你会感觉到有一股力量在拉扯你的胳膊，这正是维系袋子转动的向心力。对你来说幸运的是，手臂的延展性没有比萨面团那么强，所以它的长度不会变。不过，胳膊越长、转速越快，你感受到的拉力就越强。

比萨面团在空中旋转时就会经历这种拉扯，并且因此变得扁平均匀。我估计面团在空中的时间还不到 1 秒，但它在抛起来之前还是一块厚厚的面饼，落下来的时候却已经变成了薄薄的圆片。厨师还在继续旋转面团，再次将它抛向空中，但这一次，由于内部的拉力太强，面团自己从中间撕裂了，最后掉下来的是一块破破烂烂的面片。厨师不好意思地笑了笑。"所以我们一般不会公开表演这个，"他说，"最好的比萨面团都很软，不适合旋转，所以我们必须手工把它擀开。"[1] 于是我们发现，那些杂技大师使用的面团都有特殊的配方，它的延展性和强度都特别好，但用这样的面团烤出来的比萨就不敢

---

[1] 我敢打赌，对于以下两个问题，每一位比萨爱好者都有自己的答案：什么样的比萨面团才算最好？我们应该怎么给它塑形？我只能说，根据我个人的体验，这家餐馆出品的比萨真的很棒。不过，要是你不同意这位厨师的意见，请不要写信给我表达抗议！

恭维了。比萨边缘受到的拉力是重力的 5~10 倍，所以旋转成型的效率远高于举起面团让它在重力作用下自然拉伸摊薄。

旋转的比萨饼皮看起来赏心悦目，因为看不见的内力塑造着它的形状。从橄榄球到飞盘，在转动的时候，任何物体从中心到边缘都会有力量在拉扯。但你不会在坚硬的固体上看到这种力带来的影响，因为那些东西不容易拉伸，或者说，它们拉伸的幅度很小，你根本看不出来。不过，所有旋转物体都会拉伸一点点，就连地球也是这样的。

●

地球绕着太阳公转，与此同时，它也在不停地自转。其实地球经历的过程和比萨面团很相似，因此地球上的每一块岩石都能沿弧线运动。对我们来说幸运的是，地球上的重力还算强大，所以我们生活的星球依然是球形的，并不会变得跟比萨面团一样扁平。不过，地球还是像个吃多了的胖子似的，有了赤道隆起。

如果你站在赤道上，那么你与地心的距离比北极离地心的距离要远 21千米。重力将我们的星球凝聚成形，但日常旋转赋予了它现在的形状。正是这个原因，虽然珠穆朗玛峰是地球上的最高峰，但它的峰顶并不是地表距离地心最远的点，实际上，这份殊荣属于钦博拉索山，它是赤道上的一座火山。钦博拉索山的海拔只有 6268 米（珠穆朗玛峰是 8848 米[1]），但它正好位于赤道隆起的最高点。假设有人挣扎着爬上了珠穆朗玛峰顶，而你只是站在钦博拉索山顶，这时你距离地心的距离就比他足足多出了 2千米。

---

[1] 2005 年，国家测绘局公布了中国珠峰高度测量的结果：珠峰峰顶岩石面海拔高度为 8844.43 米，精度为 ±0.21 米，峰顶冰雪厚度为 3.50 米，峰顶位于中国。而 8848 米为总高度（包括雪盖高度）。——译者

旋转主要有两种用途。比萨饼皮采用的是其中的一种——如果旋转的物体外部没有任何束缚，那么它就会有向外伸展的倾向；而自行车运动员采用的是另一种——用一堵墙挡住旋转的物体，借用障碍物的力量完成旋转。不过，无论是离心力还是向心力，它总得有个来源。如果关键的力消失了，物体就无法继续转动。

只有固体才会成为一团，液体和气体不会像面团那样挤在一起。[1] 这一点是可以加以利用的，尤其是在面对液体和固体混合物的时候。你可以想办法把它们分开。旋转烘干机的原理就是这样，衣物的运动范围被限制在圆桶内部，圆桶会向它们施加一个向内的力，所以这些衣服必然会不停地旋转。与此同时，衣物里的水分却可以不受限制地自由运动，所以它会透过织物的缝隙不断向外移动。除非外面有固体阻挡，否则这些水必然会远离中心，最终通过圆桶上的孔向外飞出，彻底脱离圆桶的旋转运动。

投石车和人造卫星

转动某件物体然后放手，这个过程的本质是这样的：起初，你赋予了物体一个向心力，于是它开始转动；然后，你突然不再用力，向心力消失，物体没有理由继续旋转，所以它就会沿直线向外飞出去。这个原理改变了中世纪欧洲和地中海东部地区的战场面貌，以此为基础，工程师们开始建造足以摧毁石堡的巨型攻城设备。我也曾运用这个原理来发射长筒雨靴，但最后的结果不太理想。

那年我即将博士毕业，教授们告诉我答辩已经顺利通过，桌子后面的校外主考官微笑着问我下午剩余的时间打算干点什么。显然，他觉得我多半会

---

1 不过也有例外，如果液滴的体积很小——真的非常非常小——那么表面张力会让它凝聚成团。

去参加庆祝派对，但我的回答出乎他的意料。我打算骑自行车去乡下，看看能不能找到一位老乡借给我一两个拖拉机旧轮胎。我解释说，我正在做一个投掷长筒雨靴的小玩意儿，必须用废旧材料制成，而且必须在下周之内完成。考官狐疑地皱了皱眉，然后他圆滑地假装刚才的对话完全没有发生过，转而问我下面有什么工作计划。

我说的是实话。我准备参加一个名叫"垃圾堆挑战"的路演活动，我所在的团队全是女成员，这不常见。这次的挑战是建造一个能够投掷长靴的装置，这件作品将在多塞特蒸汽机节（Dorset Steam Fair）上参赛。我们团队只有三个人，我们既没钱也没有太多时间，要实现这个目标，我只有一个法子：复原古老而高效的投石车。

投石车是一种相当精巧的设备，几百年内它在不同的文明之间流传，在传入西欧之前，古代中国、拜占庭和阿拉伯帝国都曾使用过这种武器。在11 世纪和 12 世纪，投石车已经完全展露出狰狞的面目，它能够轻而易举地摧毁坚固的城堡。投石车能将重达 100 千克的石块扔到几百米外，这种攻城器械直接导致了莫特贝利式城堡的消失。这种堡垒不是没有战略价值，但那种泥土和木头构成的结构太脆弱。只有坚固的石头才能有效防御投石车的进攻，所以石堡逐渐成为主流。

中世纪战士也好，我们的团队也罢，无论对谁，投石车能带来的好处都是一样的：原理简单，工作高效。我们从附近的建筑工地借来了搭脚手架的材料，又在学校各处搜刮能充作吊兜的材料，我追着卡文迪许实验室（Cavendish Laboratory）的技术员弄来了一根 5 米长的金属臂，然后我们把这些全都堆在学校操场上，打算大干一场。在那之前的 8 年里，剑桥大学丘吉尔学院（Churchill College, University of Cambridge）一直是我的家，学院工作人员早已习惯了我和我那些不知道从哪儿冒出来的奇怪装置。无论我的奇思妙想有多离谱，路过的同学总是表现出极大的友善和宽容。想起这些往事，我仍在惊讶中心怀感激。这就是学校的氛围。那个星期，操场对面有另一群人正在尝试用平流层气球把一只泰迪熊送上太空。

投石车的基本结构并不复杂。我们需要建造一个框架，框架内要有一个离地两三米的支点，然后得在支点上架一根长梁，就像一个巨大的跷跷板。接下来，我们调整支点的位置，让支点两头的臂长达到一个相当悬殊的比例。现在，我们得到了一个A字形的支架，上面架着一根超长的棍子，棍子较长的那端垂至地面。较短的那头用来放重物，较长的那头用来放"炮弹"。我们首次组装完毕的那天阳光明媚，真是个完美的发射日。

然后我们遇到了一个问题。投石车是件美妙的器械（当然，被攻打的一方会有不同意见），它巧妙地利用了重力。你可以在跷跷板的短臂那头放一件重物，只要一松手，短臂就会立即快速下沉。整道梁绕着支点划出一道圆弧，长臂连接的吊兜随之转动。在这一系列快速转动的过程中，吊兜里的"炮弹"也会以支点为圆心旋转，因为吊兜为它提供了向心力。本来一切都很好，但我们却没能找到足以撬动整个结构的配重。我建议用我的身体来做配重，然而我的体重太轻，完全压不住我们的跷跷板。我们束手无策。那天晚上，我跟另一帮朋友倒了一大通苦水，并严肃地拒绝了他们叫我多吃点蛋糕的建议。然后，一位朋友提出，我们可以试试他的水肺潜水设备。于是第二天，我绑着10千克的潜水设备带又试了一次。这次一切都很完美。我拖着跷跷板的一端向下坠落，另一头的吊兜高高翘起，整套装置都转了起来。接下来该准备下一步了。

吊兜仅由一个小绳圈固定，整个计划的关键点在于，当吊兜运动到最高点的时候，绳圈脱落，吊兜松开。这意味着"炮弹"承受的向心力瞬间消失，于是它无法继续转动。现在条件变了。在这一刻，吊兜内的"炮弹"已经拥有极快的速度。向心力消失的瞬间，它会立即以这一刻的方向和速度做直线运动。它不会继续旋转，而是沿着切线飞行。这就是投石车的原理。

我们在吊兜里放了双鞋，一切都已准备就绪。我背朝操场拽着跷跷板跳了下去，杠杆另一头向上转动，吊兜开始上升，很快越过了支点。吊兜松脱的时间非常完美，我们的第一次发射成功了！那双鞋越过我的头顶飞向操场中央。我不愿意用石头来做实验，鞋子已经完美地验证了计划的可行性。最起码我们的装置能够投出去一双长靴，在极其有限的时间里，我们也只能做到这步了。练习了几次以后，我们满意地拆开装置，把所有零件送到了第二天的比赛场地上。

多塞特蒸汽机节刚刚开幕，我们膨胀的自信就遭到了极大的打击。其他几个中年男人组成的团队都带来了他们在车库里花费数月打造的设备，这些作品结构精巧、装饰华美。而我们在几天内用脚手架零件和废旧地毯拼凑的装置灰头土脸，一看就不讨喜。但我们依然勇敢地把它组装了起来。几名大赛工作人员（也都是些中年男人）过来看了看。"用人来做配重感觉很蠢，"其中一个人说，"你们应该模仿中世纪的战士，用绳子把杠杆拉下去，那样就好多了。"我辩解采用外部配重正是投石机能获得成功的关键所在，但他们谁也没听进去。实际上，投石机直到 11 世纪才开始成为强大的攻城机械，这恰恰是因为在那之前，大家一直试图用人力来拉动杠杆。但这几名工作人员只管把手揣在兜里，想当然地断言用绳子拉肯定强得多，暗示我们这些空有热情却缺乏经验的女人应该对他们好心提供的帮助感恩戴德。直到我的搭档终于放弃，被迫附和了他们的意见，这几个人才心满意足地走了。我们没时间争吵，比赛快要开始了。

他们在距离投石器大约 25 米处画了一条线，第一项挑战是在 2 分钟内将尽可能多的长靴扔过线，夺得前五名的团队将进入比赛的下一步，比试谁的装置投掷的距离最远。计时开始了。我们一起拽动跷跷板上的绳子，吊兜开始向上运动，但第一双靴子几乎直接砸在了我们头上。我们压下跷跷板的速度不够快，吊兜无法获得足够的转速。我们又试了一两次，大约 1 分钟后，我告诉两位搭档，这个法子行不通，于是我们决定回归最初的想法。我系上潜水设备，跳下充作跳台的文件柜，跷跷板一头猛地向下一沉，另一头的长靴终于呼啸着飞过我的头顶，越过了目标线。再来！装填长靴，爬上文件柜，跳下去，呼！再来——裁判的哨子响了，时间到。

我们扔过线的靴子只有两双，实在太少，所以没能进入第二阶段。中年男人充满同情地安抚了我们，祝福我们下次好运。我避开了那个建议我们使用绳子的人，因为我简直怒不可遏。我们的办法有效！我们用脚手架、地毯和简洁优美的物理学搭建的设备非常有效，完全符合我的预期。我们本来有机会打败那些结构复杂、外表华美的车库美人儿！但临时更改方案彻底打乱了我们的阵脚。[1] 其他大部分竞争者的方法都没有我们这么高效。他们的装备或许看起来很漂亮，但我们的投石机在物理层面上更精良。

虽然我亲手打造的投石机效果不尽如人意，但在 800 年前，正是这种简单的装置改变了战场的面貌。攻城方能以极高的精度投掷沉重的石块，这意味着你可以重复攻击城墙上的同一个点，直到城墙倒塌。经过约两个世纪的发展，投石机变得越来越大，性能越来越棒，人们甚至给它起了"投石神器"（God's stone thrower）以及"战狼"（Warwolf）之类的绰号。建造一台投石机需要消耗大量木材，但它每隔几分钟就能将一块 150 千克的石头扔到敌人头上，相当物有所值。让石块在吊兜里绕轴旋转，你可以在极短的时间内获得极高的速度。当然，石头一直旋转就没什么用了，这只是加速的手段。一旦石块达到足够的速度，你就会趁它转动到合适的方向时收回向心力。石块呼啸着向外飞出，方向和你预计的一模一样。在稳定的火药让大炮成为真正的利器而非定时炸弹之前，投石车一直是最强大的攻城器械。

---

1 你觉得这件事我耿耿于怀了十多年？其实没有那么严重啦……你为什么会产生这种想法？

●

　　旋转的东西有很多。此时此刻，你和我都在旋转。我们每天都会绕着地轴旋转一圈，但你不会有任何感觉，因为地球实在太大，我们转动的速度十分缓慢。如果你站在赤道上，那么你横向运动的速度大约是 1670 千米 / 小时。我是在伦敦写完这一章的，本地的横向速度大约是 1050 千米 / 小时，因为伦敦离地球的转轴更近。我们都生活在一个旋转的巨大星球上，而且旋转物体表面的其他物体很容易被甩出去，那么我们为什么还好端端地站在地面上？因为地球对我们的吸引力足够强大。事实上，哪怕你不在地面，而是在人造卫星的轨道上，地球也不会让你甩出去。而火箭在升空时，还可以借助地球的旋转获得更高的速度。

　　1957 年 10 月 4 日，一颗名叫"伴侣号"（Sputnik，也译作"斯普特尼克号"）的金属小球发出了太空时代的第一声啁啾，整个世界都在屏息倾听它的声音。作为第一颗进入轨道的人造卫星，"伴侣号"是个了不起的技术奇迹。它每隔 96 分钟就会绕地球转一圈，所过之处，地面上的短波无线电设备都能收到清晰的"嘀嘀"声。那天清晨，美国人醒来的时候还满怀自信，觉得自己的国家是地球上最了不起的国家；但在太阳落山之前，"伴侣号"顺利入轨的消息就已动摇了他们的信心。短短一年内，苏联又发射了一颗人造卫星，这颗卫星个头更大，而且搭载了一只名叫"莱卡"（Laika）的小狗。深受震撼的美国人还没来得及发射任何东西，但他们已经开始建设 NASA，也就是著名的美国国家航空航天局（National Aeronautics and Space Administration）。太空竞赛正式开始。

　　"伴侣号"真正了不起的地方不是飞上了天。要知道，地球这样的行星是很庞大的，小个子的物体靠近它都会被引力拽到地面上。要把卫星送入轨道，首先你得让它飞上天，但真正的难点在于把它留在天上。"伴侣号"没有摆脱地球的重力，但这不是问题的重点。道格拉斯·亚当斯在谈及飞行（不是太空轨道飞行）时曾经精准地概括出了窍门："诀窍就是，你得学会不断瞄准地面降落，但永远都落不下来。""伴侣号"一直在向着地球下落，只是它永远不会着陆。

"伴侣号"是在哈萨克斯坦的沙漠地区发射的，那里建起了一座规模宏大的宇航发射中心——拜科努尔航天发射场（Baikonur Cosmodrome）。火箭搭载着"伴侣号"向上穿过厚重的大气层，然后转为顺着地球的弧度加速飞行。最后一节火箭脱落时，"伴侣号"绕地球公转的速度已经达到了大约8.1千米/秒。这就是绕轨飞行的秘密所在，难点在于水平加速，而不是向上飞行。

这颗小金属球根本没有摆脱地球重力。事实上，要停留在绕地轨道上，它离不开重力的帮助。否则，这颗卫星很可能继续向前运动，头也不回地跑到宇宙深处。在轨道上运行时，"伴侣号"承受的重力大小和在地面时差不多。[1]但是，这颗卫星拥有极高的水平速度。在一段时间内，它的高度虽然下降了一些，但它同时也会向前运动一段可观的距离。这段距离正好契合地表的弧度。因此，"伴侣号"一直在下落，地球也一直在弯曲，二者最终达到轨道飞行的美妙平衡。一定的水平速度把卫星留在了天上。由于太空中几乎没有空气阻力，所以它完全可以永不停歇地围着地球转圈，不断下滑，但永不坠落。

进入轨道的卫星必须拥有足够的水平速度，才能达到上述平衡。由于地球自身的运动情况，哈萨克斯坦的基地本身就已拥有一定的速度。离地轴的距离越远，这个速度就越快。从赤道附近发射的飞行器会获得较高的起始速度。进入近地轨道需要8千米/秒左右的水平速度，哈萨克斯坦基地可以天然给予的速度大约是400米/秒。如果向东发射，算上地球自转带来的影响，哈萨克斯坦发射的飞行器其实已经拥有了5%的初始速度。如果是在北极点

---

1 "伴侣号"的公转轨道是椭圆形的，所以它的离地高度是223~950千米，与此同时，它承受的重力是地面上的76%~93%。

附近发射，就没有这个好处了。

旋转烘干机的甩干桶会拦住衣服，不让衣服甩出去；而在自行车馆里，向内的压力来自倾斜的赛道。作为人类太空探险的丰碑，"伴侣号"受到的向心力是由重力提供的。旋转物体需要向心力才能保持运动状态不变。甩干桶里的衣服和"伴侣号"遵循着同样的规律：如果向心力突然消失，它们必然会保持前一刻的速度和方向，继续做匀速直线运动。

因此，哪怕是在我们头顶几百千米的高空中，重力依然非常重要。但同样不容忽视的是，太空生活的一大乐趣就是失重。宇航员在零重力环境中飘来飘去，为了不打翻东西和自己较劲，而所有物品都在到处乱飞。既然重力的影响在大气层外依然有效，又为什么会出现这样的情况呢？此时此刻，国际空间站就在我们头顶的轨道上飞行。生活在这个巨型科学设施里的宇航员骄傲地宣称自己担负着特殊的使命，但我一点也不嫉妒他们。其实他们只是在连续下落而已，和"伴侣号"一样。只不过这么说听上去不怎么酷而已。

在自由落体状态下，你不会感觉到重力的存在，因为你的脚下没有支撑力。宇航员的情况就是这样，他们没有感受到支撑力，所以也没有重力在身的那种踏实感觉。就像电梯刚刚开始下降的那个瞬间，你会觉得自己变轻了一点，因为地板提供的支撑力比刚才小了那么一点。如果电梯井够长，电梯下降的速度够快，你也会体验到失重的感觉。轨道上的物体无法摆脱重力，却可以忽视重力的存在。不过，就算你感觉不到，它依然存在，正是重力为你提供了绕地公转的向心力。

掉落的面包和旋转游戏

旋转能为我们带来很多好处，但有时候它也会惹麻烦。举个例子：面包片落地时，总是涂黄油的那面朝下。你从烤面包机里取出一片热乎乎的面包片，涂上一层黄油。黄油开始融化，散发出美妙的香气，然而就在你伸手去拿茶杯的时候，一个不小心，面包片滑向了桌子边缘。它在桌子边上磕了一下，等你回过神来，它已经躺在地上了，涂了黄油的那面正好朝下。香喷喷的黄油现在成了地板上恶心的一摊垃圾，打扫固然是个麻烦，更让人心情低落的是，你会感觉整个宇宙都在跟自己作对。为什么事情总是往最坏的方向发展？面包片为什么总是这样翻转？

这样的现象的确存在。很多人做过实验，他们一次又一次把面包片从桌子边缘推下去，结果发现，涂黄油那面朝下的次数远远多于另一面。面包片落地时到底哪一面朝下，这和坠落开始时的状态有一点关系；但整体来说，这背后还有更强大的规律，我们对此束手无策。而且这种现象和黄油带来的额外重量无关。大部分黄油会渗入面包片内部，就算没有，它增加的重量也极其有限。

请思考这个问题：面包片落地时为什么会翻滚？这个过程发生得很快，你很难看清（另外，要知道，要是你一直紧盯着面包片，那它就没那么容易掉下去了）。你可以故意牺牲一片面包，以便仔细观察这个过程。[1]你甚至可以拿一本大小差不多的书来代替面包片。请把试验品平放在桌子边缘，然后轻轻把它推向"悬崖"。就在面包片一半悬空的刹那，两件事情发生了。首先，面包片开始像跷跷板一样向下倾斜；其次，就算此时你停止推动，它也会自己滑向桌子外边。现在，一切都看面包片自己了——滑动，旋转，啪嗒。

在面包片一半悬空以后，它就离开始旋转不远了。关键在于，从某一刻开始，面包片悬空的部分会大于留在桌面上的部分。重力将整片面包向下拉，桌子能提供向上的支撑力，但空气不能。就像跷跷板一样，重点在于平衡。

---

1 为了家庭和谐，做实验的时候最好就别涂黄油了。如果你觉得必须尽量逼真，那么至少在地板上垫几张报纸，或者其他类似的东西。这时候你就会发现，无纸化时代也有坏处，你可以用高科技的平板电脑看新闻，却不能把它当成桌布来用。

面包片移动到中间的瞬间，留在桌上的那一半承受的支撑力正好等于悬空那一半承受的重力。这个中点位置叫作面包片的"质心"，也就是说，如果把支点放在这里，跷跷板两头就能达到完美的平衡。

等你意识到面包片正在坠落，一切都已经来不及了。一旦它滑出桌子边缘，你甚至可以算出它坠落所需的时间。如果桌子高约 75 厘米，那么面包片只需要不到半秒的时间就会落地。一开始，面包片因翻转而坠落，接下来它会在空中不断翻转。[1] 在这里，起到关键作用的力是面包片的重力。估算一下面包片的重力，我们可以大致算出，它会在 0.4 秒内旋转 180 度。既然初始状态下涂黄油的这面朝上，那么落地时这面必然朝下。每次实验都遵循同样的规则，所以最后的结果几乎也完全相同。面包片落地时朝下的总是涂黄油的一面。

要想改变结果，你只有一个疯狂的选择[2]：在面包片即将开始翻转的瞬间，把它猛地向外一扫。显然，面包片会飞出去，但它在桌子边缘进行翻转的时间很短，所以它旋转的速度会减缓。这样一来，在落地的时候，涂黄油那面可能还来不及翻到下边。也许，它会划过一道漂亮的弧线，落地时涂黄油的那面朝上。当然，它也有可能掉进沙发下面，或者糊到宠物狗身上。

面包片之所以会旋转，是因为它具备了两个要素：旋转的轴和推动它绕轴旋转的力。面包片的重力方向始终向下，无法推动它转动完整的一圈，但这根本不重要。重要的是，这个力的大小足以让面包片开始运动，并且它推动面包片绕支点转动了至少一点点距离。如果没有外界的阻挠，这样的旋转一旦开始就会自发进行下去。

我们在《序章》中提到的旋转鸡蛋也遵循同样的定律。想一想自由旋转

---

1 你或许很想知道，为什么投石车吊兜里的长靴就能停止旋转笔直地向前飞行，面包片却会一直转动。二者的不同之处在于，面包片是被内部力量凝聚在一起的单个物体，所以作为一个整体，它的角动量是守恒的。如果有一部分面包片离开了整体（比如脱落了一小块），那么脱落的这部分会沿直线运动。
2 我说的选择并不包括把面包片做成火柴盒大小或者改在特别矮的咖啡桌上吃早餐。

的常见物品——飞盘、扔到空中的硬币、橄榄球、旋转陀螺——你会发现，它们会一直保持转动。如果你向空中扔一枚硬币，它打着转向上飞，然而在你接住硬币之前它就自己停止了转动，你一定会觉得非常怪异。[1]任何旋转的物体都拥有角动量，这是衡量物体转动状态的量度。除非有外力（例如摩擦力或空气阻力）拖慢了它的转速，否则物体必将永远保持原来的旋转状态，这就是角动量守恒定律：在没有外力干扰的情况下，转动的物体必将保持转动。

转圈圈是一种不需要玩具的童年游戏。你随时都可以用原地转圈的方式赶走无聊。小伙伴们可以比一比谁转得更久，转完了以后大家都会东倒西歪，十分有趣。旋转很好玩，而且不会带来太多问题，你会在短时间内感觉头昏脑涨，这对健康影响不大。可惜成年人玩这种游戏会难为情，不然，我们对自己的了解或许还会更深一些。转动之所以会让你迷失方向，不是因为你的脑子真的迷糊了，而是因为你的耳朵里会发生一些奇妙的变化。

请回忆一下《序章》里提过的生鸡蛋和熟鸡蛋。先把两种带壳鸡蛋横放在桌子上旋转，几秒钟后，请用手指快速按住蛋壳，两枚鸡蛋都会停止转动，但是当你挪开手指，其中一枚鸡蛋会继续旋转。熟鸡蛋的内部是固体，蛋壳和壳里的东西形成了一个整体，所以当你按住蛋壳的时候，它会彻底停转。但生鸡蛋内部是液体，蛋壳和里面的东西各自独立，所以停止转动的只是蛋壳，内部的液体仍在继续转动，它没有理由停止。等你松开手指，生鸡蛋里面的液体就会带动蛋壳再次旋转。

你自己原地转圈的时候，你的大部分身体会像煮熟的鸡蛋一样作为一个整体一起运动。当你停止转动时，你的脑部、鼻子和耳朵都会同时停转，但你的耳朵里有一个小例外。人的耳朵里有一种半圆形的小管子，里面充满了液体，它们的表现和生鸡蛋相似。液体和容器的运动不一定是同步的，因为

---

1 扔硬币的美妙之处在于，它飞行的轨迹和转动的速度是两个独立的参数。无论硬币转还是不转，它都有可能划出同样的弧线。但只要你投掷硬币的手法正确，它就会一边旋转一边运动。质心的运动和硬币本身的旋转各不相关，互不干扰。

二者不是一个整体。耳朵里的纤毛会探测到这些液体的动态，然后大脑再将液体的运动与眼睛看到的景象比对，这是人体感知自身位置的方式。

你转头的时候，耳朵中的这种液体不会立即跟着转动，它的运动有一定的延迟。如果你持续旋转一段时间，这些液体当然也会追上身体的步调，和它的容器一起进入稳定的旋转状态。等到你突然停下来的时候，这些液体并不会立即停转。就像生鸡蛋一样，虽然蛋壳停止了转动，但里面的液体还在继续旋转。你的耳朵在告诉大脑，"我正在转动"，但眼睛传给大脑的信息是，"我已经停下来了"。大脑也被弄糊涂了，所以你才会感觉头晕目眩。接下来，耳朵里的液体也会慢慢停止转动，头晕的感觉随之消失。

当然，这种原因造成的头晕也有办法消除，芭蕾舞者在旋转时就掌握了这样的小技巧。他们不会让头和身体从始至终完全保持一致，而是会让头部有所停顿。在这个快速启停的过程中，耳朵里的液体来不及进入稳定的旋转状态，所以芭蕾舞者停止旋转后不会觉得头晕。

角动量守恒中的"守恒"至少有两个方面的含义。第一，没有转动的物体会一直静止，如果没有外力，它不可能自己转起来。第二，物体一旦开始旋转就将一直保持旋转状态，除非遭到外力的干扰和阻挠。在我们的日常生活中，减缓物体转速的力通常是摩擦力，所以陀螺和空中翻转的硬币都会越转越慢。在没有摩擦力的理想情况下，物体真的会一直保持旋转，所以地球上才会有四季。

四季更迭和飞轮储能

英格兰北部的四季为我留下了一段段鲜明的记忆。炎热的夏日，我常常沿着运河远足。细雨绵绵的秋天是观看曲棍球比赛的好时节。寒冷刺骨的冬天，我们吃完丰盛的波兰式圣诞大餐，然后开着车回家。春天的白昼一天天变长，让人期待。分明的四季为生活增添了许多乐趣。在加利福尼亚州居住的时候，最让我不习惯的是这里模糊的四季。我感觉时间凝固了，只剩下强烈的不安。时至今日，我对季节依然十分敏感。我热爱季节的循环，喜欢体验每个季节独有的事物。别看我们生活在现代，四季依然会带给我们不同的动物、不同的空气、不同的植物乃至不同的天空。而这些丰富的细节之所以存在，正是因为物体一旦开始旋转就不会停止。

旋转是有方向的，每个旋转的物体都有一条转轴。我们可以想象地球的转轴是连通南北极的一条直线，仿佛它会微微凸出地表，指向深邃的太空。这里要注意的是，地球曾遭受太阳系内很多小型天体的撞击，人们甚至怀疑曾有行星撞击地球，产生了月亮。因此，地球自转的转轴并不完全垂直于地球公转太阳所构成的平面。

如果站在高处俯瞰太阳系，那么你会看到太阳位于中央，所有行星绕太阳旋转，其中地球的自转轴微微倾斜。地球这样的转动状态必然一直持续下去。从地球的角度观察，地球位于太阳的某一侧时，转轴的北极指向远离太阳的方向。等到 6 个月后，地球运行到太阳的另一侧，转轴北极指向了太阳。在地球绕太阳公转的过程中，它的自转轴不会改变方向，因为没有外力作用，所以它必将保持原来的状态。但是，这也意味着随着地球的公转，各个地区得到的日照量必然有所变化。这就是四季的来源。[1] 地球上之所以会有昼夜变换，是因为地球不断自转，季节循环则与倾斜的自转轴有关。[2]

旋转影响着我们生活的方方面面。有一种以旋转为核心的设备可能在未

---

1 实际上，在引力的作用下，地球自转和公转的关系要更加复杂一点，但基本的原理就是这样。如果你有兴趣进一步了解，请查阅"米兰科维奇循环"（Milankovitch cycles）。

2 虽然地球自诞生以来就一直在旋转，但由于月球引力的轻微作用，地球的自转正在以微不可察的速度变慢。这样的变化非常细微。每过 100 年，地球上的一天就会延长约 1.4 毫秒。为了弥补这个误差，每隔几年我们就要在一年里增加 1 闰秒。

来成为主流，它的名字叫作"飞轮"。任何旋转的物体都具有一定的能量，而保持旋转则意味着物体可以借此储存能量。如果你能设法在物体转速变慢时回收能量，那么你就掌握了一种能量源。这就是飞轮的工作原理。其实这种设备并不新鲜，早在几个世纪前，它就已经诞生。但是，新一轮的飞轮热潮即将到来，这种高效的现代设备将帮助我们解决很多棘手的问题。

应对不同时间段的不同需求是电网面临的最大挑战。举个例子，大家做晚饭的时间段相差无几，所以全国的供电需求会在同一个小时内飙升，随后出现回落。在理想情况下，监控系统将按需调配能源，让流入网络的电能完美地契合需求。但问题在于，如果电能来自本地烧煤的火电站，那么机组无论是启动还是关闭都需要好几个小时，而你能控制的因素其实并不多。新能源又有别的问题，比如无法控制发电时间。以太阳能为例，有太阳的时候你倒是可以轻松发电，可是没有太阳又需要电的时候又该怎么办呢？

你或许会说，搞个电池把能量储存起来，等到需要的时候再拿出来用就行了。但电池并不能完美地解决问题。电池的制造成本高昂，常常需要用到稀有金属，而且每只电池都有充放电的次数限制，除此以外，电池也不能在极短的时间内放出巨大的能量。

为了真正解决问题，经过多年的研发，业界出现了一些飞轮的原型机。这种技术已经崭露头角，值得期待。飞轮实际上是一个沉重的转盘或转筒，轴承的摩擦力极小。飞轮一旦开始转动，就会保持旋转状态。旋转必然携带能量，飞轮正是以这种方式储能的。人们可以利用电网中多余的能源驱动飞轮旋转，让它储存能量。需要能量的时候，把飞轮旋转所承载的能量转化为电能就行了。飞轮的充放电次数没有限制，充放电速度也非常快，整个过程中能量的损耗率只有 10% 左右，系统维护也不麻烦。

更棒的是，你可以根据自己的需求来制造不同的飞轮。家里的太阳能板只需要配个小飞轮，要调节整个电网，那就得准备一大批巨型飞轮。我们甚至可以尝试在混合动力公共汽车上安装小型便携式飞轮，公共汽车刹车时，能量可以储存在飞轮里，当它需要加速的时候，又可以拿出存储的能量。飞轮的实用性基于一条简洁优雅的原理：角动量守恒定律。鸡蛋、陀螺和旋转的茶水都遵循同样的物理定律，不过，高效的现代科技才能将原理转化为实用的解决方案。飞轮的实际应用才刚刚起步，在未来，你或许会看到这种新技术日渐普及。

第 8 章

异性相吸

- 电与磁 -

磁的魔法

"自动给东西分类的口袋"听起来是个只能在梦里出现的东西，但这种东西其实是存在的。2015 年，我在伦敦科学博物馆买了几个可爱的球形磁铁，有的带给了朋友，有的留给了自己——有科学玩具就该多多分享，不是吗？随后我买了杯热巧克力，玩了几分钟新玩具，然后把这几个小球塞进旅行袋里的几件连帽衫中间，继续赶路。

两天以后，我在康沃尔郡想起了那几个磁铁小球，我已经冷落它们很久了。我在旅行袋里翻了翻，发现它们粘成一团掉到了最底下，上面紧紧吸附着 7 枚硬币、2 个回形针和 1 颗金属纽扣。袋子里的小块金属就这样得到了整理，这一点让我十分开心。不过接下来我又发现，旅行袋底下还有好些散落的硬币没被磁铁吸住。于是，我开始研究到底是哪些硬币会被磁铁吸引、哪些不会。面值 10 便士的硬币有几枚粘在磁铁上，另外几枚却没有。磁铁吸附的硬币全都是面值 20 便士以下的，其中最多的是 1 便士的和 2 便士的，而且制造日期都在 1992 年以后。

磁铁其实很挑剔，它们认为大多数材料不值得去吸引，比如塑料、陶瓷、水、木头或者活物。但是铁、镍和钴就大不相同了，只要没有外力的束缚，磁铁一定会飞一般地扑过去。我猜，我们之所以这么熟悉磁力，完全是因为铁很常见。这种元素占据了地球质量的 35%，而钢（它的主要成分是铁，此外还有少量其他物质）则是现代社会用于修建公共设施的基础材料之一。如果冰箱门不是钢铁制成的，那么冰箱贴根本不会出现。钢铁无处不在，所以磁力也成了日常生活中最常见的一种力。

旅行袋里的磁铁根据硬币的材质对它们进行了分类。现在，1 便士和 2 便士的硬币都是钢制的，只是表面镀了一层薄薄的铜。而在 1992 年以前，这两款硬币的铜含量高达 97%。新旧两种硬币在我看来几乎毫无区别，但磁铁能够看穿它们的本质。[1]20 便士的银色硬币不会被磁铁吸引，因为它其实是铜制的。老版的 10 便士硬币也是铜制的，但是从 2012 年起，10 便士硬币就改成了镀镍的钢币。被磁铁吸引的所有硬币主要成分都是铁，尽管其中有些看起来更像是铜币。

磁铁会在周围生成一个磁场，这可以说是一种"力场"。换句话说，在这个场的范围内，磁铁会对其他物体产生推力或拉力，哪怕二者并未发生接触。这听起来似乎有些奇怪，但自然规律确实如此。磁场看不见也摸不着，所以我们很难想象这是个怎样的存在。磁铁还有个最重要的特性：所有磁铁都拥有两极，即 N 极和 S 极。

任意磁铁的 N 极必将吸引另一块磁铁的 S 极，但两块磁铁的 N 极会互相排斥。起初我包里的硬币没有磁性，但磁铁耍了个花招，把它们都吸引过去。被吸引的硬币内部有许许多多个小区域，我们称之为"磁畴"。每个磁畴内都有一个小磁场，但它们的 N 极各自指向不同的方向，这些小磁场会相互抵消。硬币靠近磁铁时，磁铁产生的磁场立马对这些磁畴施加影响，让这些小磁场发生变化。变化的结果是，硬币里的 S 极纷纷避开磁铁的 S 极，靠近磁铁的 N 极。硬币里的 N 极纷纷避开磁铁的 N 极，靠近磁铁的 S 极。于是，硬币整体也有了明确的 S 极和 N 极，正好和磁铁的两极异性相吸。一旦我把硬币从磁铁上抠下来，硬币内部的磁畴又会恢复原来的状态。

人类早已学会通过各种方式利用奇妙的磁力。往小处说，我们制造了冰箱贴，往大处说，磁铁关系到发电技术的成败，因为发电设备的核心部件都有磁铁。发电当然不能单靠磁铁完成，但磁和电的关系密不可分，在现代社会中，这是一条基本的常识，基本到了我们经常对它视而不见的地步。

---

1 新的硬币也要略厚一点，因为它的重量和旧币完全相同（同质量的钢体积要比铜大一点点）。正是这个原因，铸币厂更改了硬币的制造材料以后，所有自动贩卖机都必须进行相应的改造——相同质量的不同金属占据的空间是不同的。自动贩卖机也会检查硬币的磁性是否符合它的面值和种类。

科幻作家阿瑟·C.克拉克曾经说过："足够先进的科技看起来与魔法无异。"电和磁共同造就了无数魔法般的高科技。在物理学的世界里，这两种看不见的力常常同时出现，所以我们也总是把它们放在一起讨论。电和磁相互影响，密不可分。在探讨二者的关系之前，我们不妨深入了解一下我们更熟悉的电。糟糕的是，大部分人对电的初体验来得十分直接，而且常常伴随着疼痛。

静电和蜜蜂

罗得岛州是美国东北部一个民风淳朴的小州，我曾在那里住过两年。这个州的官方昵称是"海洋之州"。这是美国最小的州，这昵称听上去却无比广阔。当地人倒是不在意这一点，他们只在乎两件事：海岸线和夏天。出海之帆、捕蟹小屋、海螺沙拉[1]、美丽海滩，这些构成了罗得岛生活的主旋律。但那里的冬天十分寒冷。游客全都消失了，当地人也缩回了屋里，如果我出门时关掉了暖气，回来后准会发现连厨房里的橄榄油都冻住了。

冬日最美的时刻，是醒来时感觉到纯粹的寂静，不用睁开眼睛就知道昨晚下了雪的时刻。我在晦暗潮湿的曼彻斯特长大，下雪总是令我激动不已。我爱雪，雪花永远不会让我厌倦。我穿上温暖的冬靴，铲尽小路上的白雪，雪地里掘洞的松鼠引得我放声大笑。在雪天特有的寂静之中，我一步一顿地走向自己的车。在下雪的清晨，当我第一次触摸到车身时，迎接我的总是强烈而令人疼痛的静电。我总是不长记性。天哪！

有时候我会埋怨汽车，但仔细想想就知道，这样很没道理。沿着小路

---

1 我不开玩笑，他们对此真的很自豪。在罗得岛州，哪怕是那些自称素食者的年轻女孩也照样会吃海螺沙拉，虽然据我观察，这道名菜的主要原料是巨大的海洋软体动物和大蒜。

走向汽车时，我身上携带着一群想找出路的偷渡客，静电和疼痛只是它们"跳船"产生的作用。这些"乘客"就是很小很小的电子，它们是组成物质世界的一种微粒。电子的奇妙之处在于，要感知它们的流动，你既不需要高科技和粒子加速器，也不必设计精密的实验。只要条件合适，我们的身体就能直接感受到电子的运动。不过糟糕的是，对于人体来说，电的流淌通常伴随着疼痛。

我们不妨从原子的结构说起。每个原子中央都有一个沉重的原子核，它占据了原子的大部分重量。我们能看到的所有东西基本都由质子、电子和中子三种"积木"组成，它们的电性各不相同。带正电荷的质子质量和体积都远大于电子，中子的大小和质子差不多，但它不带电。相对于质子和中子来说，电子的体形非常小，但一个电子携带的负电荷可以平衡一个质子携带的正电荷。这几种积木组成了物质世界的基本结构。质子和中子在原子中央聚集成团，形成沉重的原子核。在电荷问题上，原子是需要平衡的。正电荷和负电荷就像磁铁的 N 极和 S 极一样，排斥同类，吸引异类。于是，小小的电子聚集在了沉重的原子核周围，因为它们带有负电荷，会被带正电荷的原子核吸引。整体来说，原子内部的正负电荷相互抵消，但电荷产生的引力将原子凝聚成了一个整体。我们看到的所有物质都充满了电子，但由于电性总是平衡的，所以我们根本不会意识到这些电子的存在。只有当它们动起来的时候，我们才会注意到这些小东西。[1]

问题在于，电荷的平衡不等于一成不变。两种不同的材料接触时，电子常常会在二者之间流动。这样的流动时时刻刻都在发生，但它通常无关紧要，因为一般而言，多余的电子很快就会回到自己应该待的地方。我穿着袜子在

---

1 有时候电子会发生转移，不同的原子核可以共享同一批电子，分子就是这样形成的：共享电子带来的引力拉近了原子核之间的距离，不同的原子由此形成一个分子。正负电荷之间的引力让原子和分子凝聚成形。有时候电子会在不同的分子之间来回运动，改变原子核结合的对象和模式，这个过程我们称为"化学反应"。化学研究的正是电子之舞和这奇妙的舞蹈带来的美妙的复杂性。

屋里走来走去，这不会造成任何问题——每走出一步，尼龙地毯上的一部分电子都会跑到我的脚上，但它们很快又会自己回去。不过，要是我穿上了羊毛衬里的胶底靴子，情况就不一样了。电子还是会流窜到橡胶靴底上，但它们再怎么敏捷也无法轻松穿透橡胶，因为这是一种绝缘材料。橡胶自身拥有足够的电子，但它很难吸收多余的电子。

我清理了早餐桌，穿好了外套，整理好手袋准备出门。在这个过程中，越来越多的电子通过皮肤和织物的接触聚集到了我的身上。这些多余的电子分布在我身体的表面，等我跨出门的时候，我身上已经多了几千万亿个电子，这个数字听起来大得惊人，但和我自己原本拥有的电子总量相比，这其实少得可怜。

电子为什么没有逃走？每个多余的电子都会遭到同类的排斥，只要有一条出路，它们铁定会一去不回。但我的靴子挡住了电子逃向地面的路径。它们还有另一条常见的出路：潮湿的空气。湿漉漉的空气中含有大量水分子，水分子具有极性，能吸引多余的电子。大部分情况下，我身上多余的电子会搭乘空气中的水分子迅速逃离，但在大雪之后，空气总会变得异常干燥。没有了丰沛的水分子，电子自然无路可逃。

在干燥的雪天，我沿着房前的小路走向汽车，完全不知道自己身上还搭载着那么多携带负电荷的乘客。停在地上的车就像一个有待存放大量电子的仓库。就在我赤裸的手指接触车身金属的那个瞬间，逃生通道轰然打开。金属是电的良导体，所以电子可以轻而易举地在金属中流动。我身上的电子乘客们争先恐后地透过指尖的皮肤拥向外面，它们终于获得了自由。在电流的直接刺激下，皮肤内的传感器产生尖锐的疼痛信号。于是我疼得咒骂起来，暂时忘记了雪有多迷人。

静电恐怕是大多数普通人对电最直接的体验。电是无处不在的。建筑物墙壁、电子设备、汽车、灯、钟和风扇里都有电流，但电的概念绝不仅限于插头、导线、回路和保险丝，这些东西不过是人类驯服电流之后制造的粗糙产品。在我们这颗星球上，电存在于你意想不到的很多地方，比如，一只小小的蜜蜂身上。

想象一个温暖、平静而慵懒的日子，你坐在一座英式风格浓郁的花园里，草坪边缘的燕雀有一搭没一搭地啄着虫子。在它身后，一排排生机勃勃的鲜花正在争夺水、营养、阳光和授粉者的注意力，这场战争缓慢却激烈。茉莉花和香豌豆的气息飘过草坪，炫耀着它们的美味。一只蜜蜂在花圃中飞舞，寻找着目标。这幅画面似乎相当闲适，然而对蜜蜂来说，这是一份艰苦的工作，效率十分重要。

要停留在空中，蜜蜂需要付出极大的努力——每秒振翅 200 次。我们听到的嗡嗡声就来自它小小的翅膀划过空气时产生的振动。对于蜜蜂这么小的生物来说，空气阻力会带来不容忽视的影响，推开大量空气分子绝非易事。使劲拍打空气，这样的飞行方式听起来似乎不够优雅，但非常实用。蜜蜂在一朵粉色矮牵牛花旁边盘旋片刻，决定停下来歇歇。就在蜜蜂即将钻进花蕊却还没有接触到花朵的那个瞬间，奇怪的事情发生了：原本好好待在花朵中央的花粉突然跳了起来，扑向蜜蜂脚上的绒毛。蜜蜂停在花瓣上以后，更多花粉粘到了它身上。它还没来得及喝一口花蜜，身上就已沾满了这朵花儿的DNA，这些花粉看起来简直像是主动跳到它身上的。

我们发现，飞行增加了蜜蜂的吸引力——这不是因为它容貌美丽、举止优雅，而是因为它的身体带电，尽管电量少得可怜。就像我在雪天的经历一样，飞行的蜜蜂身上也会聚集一些额外的电荷，但这次谁也不会感到疼痛。

蜜蜂自身所带的电子在蜂翼边缘徘徊。如果有什么东西以极快的速度从蜜蜂身边经过（例如空气里的某些分子），那么它就可能带走蜂翼边缘的电子。事情就是这样，这和常见的摩擦起电是一个道理。摩擦可以使某件物品携带的电子多于或少于合适的数量，引发不平衡的情况。蜂翼以极快的速度与空气摩擦，在这个过程中，蜂翼上的电子会被"甩掉"，进入空气之中。于是，飞翔的蜜蜂就携带了微量正电荷，因为它身上的电子数量变少了，无法平衡身上带正电的原子核。当然，蜜蜂所携带的电量非常少，它身上不会出现能被人类感知的静电现象。

蜜蜂靠近花朵时，它的身体会吸引带负电的电子，同时排斥带正电的微粒，就像磁铁的 N 极会吸引另一块磁铁的 S 极。就在它靠近花朵却还没有发生接触的瞬间，蜜蜂携带的正电对花朵表面的花粉已经产生了足够的吸引力，部分花粉离开花朵，隔空"跳"到蜜蜂身上。然后，这些花粉会吸在蜜蜂的绒毛上，就像带静电的气球会贴在墙上一样。蜜蜂带着这些花粉飞向下一朵花，完成授粉的过程。要是没有静电，花粉只有等蜜蜂降落在花朵上才有可能粘在黏糊糊的绒毛上。毫无疑问，蜂翼失去少量电子产生的正电促进了传粉。[1]

电子体积小、移动速度快，所以电荷转移时，真正发生运动的通常是电子。电子十分活跃，但我们很少意识到这一点。带负电的电子会彼此排斥，如果大量电子聚集在同一个地方，它们会互相推挤，总有电子会被挤走。不过，有两种原因可能让电子留在原地：要么是无处可去，要么是动弹不得。飞行的蜜蜂无法得到电子，只能让正电荷在身上积聚。

还有一种情况能阻断电子的流动，而且这种情况是我们可以控制的。如果蜜蜂降落在一个塑料花盆上，正电荷就无法流入花盆，也不会有电子流到蜜蜂身上。塑料并非没有电子，但这些电子都被紧紧地束缚着，与此同时，外来的电子也无法渗入。塑料既不能容纳多余的电子，也很难失去自己的电子。绝缘体就是这样。

---

1 蜜蜂的故事还有个转折。2013 年，布里斯托尔大学的研究者发现，每一朵花都携带着少量负电荷，一旦蜜蜂降落在花朵上，二者携带的静电就会相互抵消。他们演示了蜜蜂无须降落就能分辨出哪些花朵带负电、哪些不带。研究者提出，蜜蜂或许不会青睐那些不带电的花朵，因为这意味着之前有其他蜜蜂来过。

如果蜜蜂降落在塑料花盆上，那么它仍然带正电。不过，一柄金属园艺叉就可以立即平衡蜜蜂身上的电荷，因为金属是电的良导体，电子可以轻而易举地转移到金属中去。很多金属原子会共享自己的外层电子。这些电子时时刻刻都在移动，而且不属于任何一个特定的原子，所以它们很容易接纳或失去额外的一部分电子。

有了导体和绝缘体，我们才能建设电网、控制电能的流动。你需要将这两种材料拼成某种迷宫，迷宫中有一些路径可以让电子轻易通过，另一些路径则障碍重重。另外，你还得设法控制某些道路的关卡。一旦迷宫的基础结构建立起来，电的世界对你而言就尽在掌控了。

鸭嘴兽和海上电池

日常生活中的静电现象大多只能带来些小火花，要获得真正的力量，你得用更系统的方式移动电子。电网非常神奇，人们能让能量在这里流动，能用开关和变压器进行控制，把能量送到任何有需要的地方。电路可以让我们重新分配电能。有一点请你时刻谨记：电路是一个回路。电路必须形成闭环，这样电子才能自由流动，而不是积聚起来。一条电路的起点和终点与电源相连。电源会让电子从起点前进，并且在终点回收完成了任务的电子。电源像一部电梯，它能把乘客送到一条极高的滑梯顶端，乘客滑到地面上，然后再次搭乘电梯回到高处。下滑的过程就是释放能量的过程，回到地面的时候，乘客们的能量全都释放殆尽，需要从电源重新获得能量，然后再一次坐上滑梯。这就是电路正常运转的规则。

电子畅通无阻地沿着导线移动，那么推动它的力量到底来自哪里？导体为电子提供了可以移动的通路，但电子还需要前进的力量。

事实上，冰箱贴和带电的气球都会表现出一种神奇的特性，它们的周围会产生一个看不见的力场。力场范围内，一个物体会对附近的其他物体产生拉力或推力，但你看不到力来自哪里。这样的相似并非巧合，电场和磁场的联系在运动中更加清晰。我们先回顾一下力场的基本原理，看看在人类世界以外，动物会如何利用力场。

河床是一片幽暗的迷宫，里面布满了乱石、植物和树根。浑浊幽暗的河水在这些障碍物之间慵懒地流淌，就在水面下大约 1 米的地方，两根小小的触须从鹅卵石缝里探出，随着水的流动不断伸缩。如果有什么东西从附近经过，触须就会立即缩回去。这种淡水虾以食腐为生，现在它饿得要命，但还得小心天敌。上游有一位猎手滑进了浑浊的水里，它划动两只带蹼的前足向河流中央前进，接着它闭上眼睛、关闭鼻孔、堵上耳朵，毫不犹豫地扎进了水下。这只鸭嘴兽该吃晚饭了。

如果小虾完全不动弹，那它不会有任何危险。鸭嘴兽游得很快，它在河底迷宫中穿梭时显得非常自信，但它毕竟眼不能见、耳不能听、鼻不能闻。小兽扁平的喙在淤泥中左右划动，寻找猎物。随着鸭嘴兽的逼近，正在觅食的虾感觉到了水流的变化，于是它一弹尾巴，倏地缩回砾石之中。结果，猎手转了个弯追了上来。虾弹动尾巴时需要发送生物特有的电信号来控制尾部肌肉的收缩，这个电信号会以虾的身体为中心产生一个转瞬即逝的电场。在这一刻，附近的电子都会受到微弱的影响，有所移动。这个电场只存在了几分之一秒，但这已经足够。鸭嘴兽的喙有 4 万个电传感器分布在上下表面，一旦发现水流和电流变化，鸭嘴兽立即就能判断出虾所在的方向和距离。小兽的喙闪电般准确地刺入河床，虾难逃厄运。

虾轻轻一动就为自己招来了灭顶之灾，因为只要它一动，就会引发电场的变化。每一个电荷都可以形成电场，电场中其他电荷都会受到力的作用，但电荷位置不同，受力情况会不一样，这是"场"的概念所关注的要点。有电信号收发就意味着有电荷移动，这当然会对周围其他电荷的受力情况产生影响。所有运动都牵涉电信号在生物体内的移动，这样的变化必然波及电场，所以只要你离猎物的距离够近，探测电信号的确是一种非常有效的捕猎方式。斑斓的伪装色也不可能掩盖电信号。任何动物都会动，哪怕是最轻微的动作也会产生电信号，从而暴露行踪。

　　既然如此，我们为什么感觉不到自己产生的电场？这是因为人体产生的电场相对较弱。更重要的原因是，电场在空气中衰减得很快，因为空气不导电。水（尤其是含盐的海水）是电的良导体，所以电场在水中的影响更大。几乎所有依赖于电信号探测的物种都生活在水中，蜜蜂、针鼹鼠和蟑螂是我们目前所知的为数不多的几个例外。

　　电路内部是有电场的，电子在场中受到力的作用，运动起来。但这个电场是从哪儿来的呢？我们不妨从电池开始说起。不同电池的形状和尺寸各异，其中有一种深得我心，那就是笨重的海洋电池，我之所以特别在意它们，是因为在一场狂野的风暴中，这组漂在海面上的电池成了我完成某个重要实验的唯一指望。

　　为了在风暴中研究海上的物理学现象，我们需要去实地观测。海洋环境非常复杂，你必须在野外搜集足够的数据，才有可能在温暖舒适的办公室里提炼出理论。不过，就算坐着船乘风破浪，到了海岸几千米外，我依然很难接触到真正感兴趣的东西，也就是海面下深达几米的水体。弄明白那片区域发生的事，我们会更加了解海洋如何"呼吸"，还能完善天气预报和气候预测模型。想透彻地了解情况，我就得亲自进入风暴之中。这非常危险。我不能跳进风暴中的大海，但我的实验必须在海水中完成。实验需要能量，需要电源，与此同时，实验设备全都在船外的海面上自由漂流，载沉载浮。海上没有线电源，这些设备只能依靠电池。对我来说，幸运的是，漂在水里的电路和陆地上的一样可靠。

●

水手长望着地平线，蹙紧了眉头。他将双手插在沾满污渍的连帽衫衣兜里，踩着颠簸不定的甲板朝我走来。这是 11 月的北大西洋，我已经有四周没见过陆地了。放眼望去，目之所及，除了起伏的灰暗海水，就是同样灰蒙蒙的天空，周围的所有东西都随着风浪起伏摇摆。我把一卷绝缘胶带放在地上，一个不留神，它就沿着甲板滑了出去，撞上了水手长的靴子。在这阴郁压抑的环境中，水手长活泼地道的波士顿口音听起来简直有些不合时宜："你还需要多长时间？"

对我来说，海上实验最辛苦的部分绝对是实验正式开始前的最终检查。我很紧张，这是我需要独自承担的责任。为了测量破碎海浪下方的泡沫，我需要一个搭载各种测量设备的巨型黄色浮筒。水手长负责把浮筒投放到船外的海域中，但我必须确保所有设备正常运转。即将到来的风暴一定非常猛烈，我极度渴望获得关于它的数据。

"马上，我把电池插上就好。"我回答。搭载设备的巨型黄色浮筒长达 11 米，在投入大海前需要固定在甲板上。我从浮筒最前方的防水摄像机开始检查，接下来是电源连接器。我沿着导线一路检查到沉重的电池组所在的浮筒底部，然后给摄像机插上插头。下一步，我回头去查看浮筒顶端的声学谐振器，找到它的电源，插好，检查连接是否牢固。复检之后，我又看了看另一台摄像机。这些设备可以淋漓尽致地体现物理实验的精密和成熟，但它们首先要有电。在海上供电的是 4 块笨重的海用铅酸电池，每块重达 40 千克。自 1859 年问世以来，这些电池一直保持着最初的设计，但它们非常实用。

一切准备就绪，我们这些科学家裹着雨衣远远地退到甲板另一头，把剩下的活儿交给船员和起重机。巨型浮筒在船侧摇摇晃晃，最后扑通一声进入漆黑的海洋。随着最后几根绳子慢慢松脱，眼前的景象出现了奇怪的变化。

原本大得像怪兽似的黄色浮筒在浩渺的洋面上显得那么渺小而脆弱，仿佛一块被抛弃的残骸，在波涛之间若隐若现。人们趴在甲板栏杆上，热烈讨论着浮筒停留在水面上的姿态和远离船体的速度。但我考虑的却不是这些问题，我一直在想的是电子。

水面之下，电子的舞蹈已经开场。它们从电池中蜂拥而出，在浮筒搭载的电路中流动，最后又回到电池的另一极。固定数量的电子在电路中循环流动，电子没有损耗，它们只会不断转圈。问题的核心在于，电子的流动需要能量来驱动，而电子又会在运动的过程中将这些能量释放出去。驱动电子运动的能量来自电池，电池是一种非常精巧的设备。

电池的巧妙之处在于，它们推动了一系列事件。这个链条中的每个节点都会为电子提供下一段路程中需要的东西。一旦将电池接入电路，电子在回路中流动的所有条件就已准备就绪。这些在海上使用的电池有两个连通外界的端子。在电池内部，每个端子各自与一对铅板中的一块相连，两块铅板不会直接接触，二者之间充满了酸液，所以这种电池被称为"铅酸电池"。电池里的铅和酸可以发生两种反应，一种充电，一种放电。充电反应完成之后，铅酸电池就准备好了足够的材料，可以进行放电的反应了。

我给实验设备接上电池，也就是接通了从第一块铅板出发，经过设备回到第二块铅板的通路。关键在于，铅板周围的化学反应会让回路内产生电场。在电场的推动下，电子离开第一块铅板，沿着通路前往第二块铅板。由于电子无法直接跨越酸液，外部的漫长回路就成了它们唯一的选择。一旦电子在电场作用下建立了流动的通路，电池内部的反应就达到了某种平衡，因为整个链条构成了闭环。通过化学反应，电子可以从一块铅板进入酸液，最终到达另一块铅板。整套反应之所以能够循环进行，是因为这些电子可以通过外部回路再次回到第一块铅板中。最重要的是，这些电子在流动的过程中把携带的能量释放给了设备。这种能量就是电。在电子的必经之路上安插好仪器，你就可以有效地利用电能。这就是电池的工作机制，非常神奇。

　　我靠在甲板栏杆上望着载沉载浮的黄色浮筒，想象着电子的美妙舞步。关闭的仪器就像电路中的一座关卡，打开仪器就是打开关卡，为离开电池的电子提供一条出路。就这样，电子通过浮筒内的线路进入摄像机。在这个过程中，我们控制了电子的去向。电子总会走最便捷的路，也就是最容易导电的路，所以我们在迷宫中用导电材料搭建通路。导线是金属的，但包裹导线的塑料层是绝缘的。这是因为我们需要电流顺着导线流动，不希望电流跑到周围的其他材料中去。除此以外，这里还有最基本的控制元件：开关。电路中的开关往往连接着两段导线，二者不会始终连接在一起，但一旦开关闭合，两段导线发生接触，电子就能畅通无阻地从这条线流到那条线。要阻止电子的流动，你只需要断开开关，分开这两段导线。原本的路径被切断，电流就会停滞。

　　进入摄像机内部以后，电子的通路会出现分岔，流入不同的组件，但它们最终还是会汇集到一起，回到电池。古谚说，"条条大路通罗马"，我们在这里可以说，"条条大路通电池"。巨大的黄色浮筒只是电路网络的支撑设备，电子本身就会产生电场和磁场，在它们流动的过程中，相机快门会被按下，计时器会发挥作用，闪光灯会点亮，核心电路还会存储好图像和数据。

　　浮筒在大西洋风暴的巨浪（有时候高达 8~10 米）中颠簸，电子也在一刻不停地奔跑舞动。我们在颠簸的科考船上等待，忍受着自身重力变幻莫测的感觉，用魔术贴、橡皮筋和绳子固定所有物品。三四天后，电池内部的化学反应终于停了下来，它回到了最初未充电时的状态。电池里储存的能量已经耗尽，失去了动力的电子渐渐停止舞蹈。浮筒又变成了一个由金属、塑料和半导体组成的死气沉沉的壳子。但所有数据都已安全地存储在计算机的固态内存里。

　　几天后，风暴结束，我们找到浮筒，把它拖回船上。科考船的船员从海里打捞东西的技术总令我赞叹不已。船只无法侧向移动，船体转向的速度也很慢，要想成功回收浮筒，船长必须把长达 75 米的科考船准确地开到浮筒旁边，既不能压到它，也不能隔得太远，这样船员才能用长长的钩子把浮筒拖过来。他们通常只需尝试一次就能成功。

接下来又轮到我们上场了。我们把电池插在船用电源上，让电能重新推动化学反应，为下一次投放做好准备，再把浮筒里的实验设备拆下来运回舱内。但摄像机却被留在了寒冷刺骨的舱外，因为这东西拆不下来，我手下那几位可怜的博士生得在甲板上提取数据和图像。

能量守恒定律大约是最基本的物理学定律，它的正确性在现实世界中得到了一次又一次的验证，从来没有遇到过任何反例。能量既无法被创造，也无法被毁灭，它只会从一种形式转化为另一种形式。电池拥有化学能，这些能量通过化学反应转化为电能，电能又被输送到电路中。电能所到之处，相机可以拍摄图片，计算机可以运行程序、记录数据。但这些事办成的同时，电能也被消耗掉了，或者说变成了别的能量，到了别的地方。这就是移动电子需要付出的代价。长时间运行的设备会发热，背后就有这方面原因——电能转化成了热能。电能通过有电阻的材料时必然会有部分损耗。无论走的是不是捷径，电子都需要上交这么一种"税"。[1]

摄像机装在厚厚的塑料壳里，这种材料的导热性能很差。摄像机运转时，循环流动的电子携带的能量会转化为热能。在水里，这点热其实无关紧要，因为在我们做实验的时候，海水的温度只有 8℃左右，水会吸收大部分热量，让塑料壳迅速冷却下来。但空气的散热性能远远比不上水。实验室里的计算机全速下载数据的时候，摄像机将一直保持过热的状态。我们想尽了办法，唯一有效的方案是把摄像机留在舱外装满冰水的桶里（幸好船上有制冰机）。

---

1 你家里的电热器正是基于这个原理。我们迫使电子流经强电阻材料，将它们携带的电能转化为热能。其他任何能量转换过程都有损耗，因为必然有一部分能量会转化为热能。但如果你需要的是热能，那么能量的利用效率就能达到 100%……真是太完美了！

因此，我手下的博士生得在外面待上 9~10 小时，根据摄像机的温度打开或关闭数据下载开关，这样才能以最快的速度下载数据，同时保证摄像机不会过热烧毁。这就是野外科考的挑战。

同理，运行中的笔记本电脑、真空吸尘器和电吹风也会发热。电能必须找到一条出路，如果没有转化为其他形式的能量，它最终只能变成热能。电吹风利用这一点来吹干我们的头发，这种小电器内部的回路能够有效地将电能转化为热能。但笔记本制造商讨厌发热，因为对笔记本而言，回路温度越高，工作效率就越低。要利用电能，我们必须支付"热税"。[1]

电子之所以会流动，是因为电场提供了动力。电池提供的不是电子，外部世界并不缺电子。电池真正提供的是驱动电子的电场。如果回路是完整的，那么电池提供的电场将推动电子循环运动。事情就这么简单。但插头上的那些数字和字体小得要命的安全警告又是什么意思？或许我们应该用英国人的方式来解决问题：找出饼干筒，把水壶放到炉子上。

热茶水和电流

茶歇必须同时具备两个最重要的元素：有茶喝，能休息。我的一些美国同事永远无法真正理解这一点，他们习惯了一边喝茶一边继续讨论工作。不过对英国人来说，"把水壶放到炉子上"代表着步调的改变。现在我正准备这样做，不过我用的是电水壶，所以我只需要灌满一壶水，然后给它插上电源。在水壶烧水的间歇，我的头脑理应享受这一小段休息时间。

按下开关是一件非常简单的事情。一小片金属移动了一点点，由此连通

---

1 有些刻板的老学究或许会说，现在我们已经发现了超导材料。是的，超导体的确存在，但将物体冷却到接近绝对零度需要消耗巨大的能量，同时产生巨量的热。所以，如果你追求的是能量的利用效率，超导材料其实帮不上什么忙。

回路中的最后一小段。现在，水壶内部的迷宫中出现了一条通路，一条完全由导体组成的小径，可供电子轻松通过。这条小路畅通无阻，它始于插头的一个脚，经过茶壶，最后回到插头的另一个脚。在这种情况下，电场的来源不是电池，而是插座。

标准的三脚插头有一个脚位于最上方，我们称为"接地端"。它完全独立于电路的其他部分，实际上，它的作用相当于雪天的汽车——为积聚在错误位置（比如水壶的壶身上）的电子提供一条出路。但接地端不属于水壶的供能电路。

另外两个脚负责让电子动起来。其中一个脚就好像固定的正电荷，而另一个脚就好像固定的负电荷。按下开关就等于接通回路，电场也随之出现。通路中的电子会同时感受到正电极和负电极的力。就在我翻找茶壶和茶包的时候，水壶回路中的电子动了起来。原本无序推挤的电子开始沿着导线流向同一个方向，从插头的一个脚出发，经过水壶内的回路，流动到插头的另一个脚。

水壶底部的标签告诉我，它的工作电压是 230 伏[1]。电压会影响推动电子的电场强度。电场越强，电子在回路中释放的能量就越多。因此，高电压意味着电路中的可用能源十分充沛。如果依然用滑梯来比喻的话，电压代表的是滑梯的高度，电子必须下降这么长的距离，才能回到插头的另一个脚。

我洗了洗茶壶，把茶包放进壶里。牛奶和马克杯都已准备就绪，现在我只要等着水烧开就好。这只需要几分钟时间，不过我口渴的时候总是很没有耐心。快点！我知道电源的电压不小，可电压不能决定一切。电压越高，电子能够释放的能量就越多，但是，回路中流动的电子数量也会影响水壶的效率。要确保壶里的水在短时间内得到大量能量，最快的办法是增加回路中的电子数量，也就是增大电流。

---

1 不同国家和地区的民宅供电会有所差别，欧洲很多地方的民宅供电为 230 伏。在中国，这个数字是 220 伏。——编者

我们以"安培"（A）为单位测量电流。电流越大，单位时间内通过导线横截面的电子数量就越多。用整个回路的电压乘以电流，你就能算出电路在单位时间内释放的能量。我的水壶额定电压是 230 伏，它能够产生 13 安培的电流，所以 230×13 ≈ 3000。壶底的标签上也是这么写的。这个水壶的额定功率是 3000 瓦，相当于每秒释放 3000 焦耳能量。这样的功率足以在 2 分钟内烧开一壶水，但有一部分热量会消散到周围的环境中，所以在实际生活中，烧开一壶水大约需要 2 分 30 秒。

等待茶水泡好的时候，我不由自主地想起了别人常说的一句话——电压只会震你一下，电流才会要命。在罗得岛的那个雪天，我和汽车之间的电压差可能有 20000 伏，但电荷的数量很少，所以这么高的电压不会对我造成太大的伤害。静电产生的电流很小，传输的能量也少得可怜。如果我捏住插头的两个脚，用自己的身体取代水壶，那就危险了。强电流由许多电子组成，每个电子都携带着等量的能量。强电流的总能量很大，因为有太多电子在回路中呼啸而过。这种情况比被汽车电一下危险得多，尽管插头两脚之间的电压差可能只有我和汽车电压差的百分之一。对于电的杀伤力而言，电流才是关键。

在电场的推动下，电子在金属材料做的加热元件中移动，电场力会稍稍提高电子的移动速度。导体由大量原子组成，加速后的电子必然会与其他粒子发生碰撞。电子在碰撞过程中会损失能量，同时加热被碰撞的物质。因此，迫使大量电子移动意味着会发生很多很多次碰撞，由此释放大量热能。这就是电水壶的加热原理——加速电子运动，让它们碰撞其他物体，将电能变成热能。电子的运动速度其实不快，它们每秒钟可能只会移动 1 毫米，但这已经足够了。

把水烧开需要多少能量？单靠小小的电子移动、碰撞就能完成这个任务，想想真有些令人震惊。虽然震惊，但事实不可否认，电场推动电子在导体中运动产生的热能帮我烧好了茶。这是电能最简单的应用：直接转化为热能。不过，一旦人类学会了搭建电路、连接电源，事情就变得复杂了。

同样涉及移动电子，电池（任何电池）和插座供电大不相同。在由电池驱动的设备中，电子总是沿着同一个方向流动，这叫直流电（Direct Current, DC）。一只标准的 AA 电池大约能提供 1.5V 的直流电。连接电网的插座提供的电流则完全不同，那是交流电（Alternating Current, AC）。英国电网提供的交流电，其方向每秒钟大约会交替变化 100 次。[1] 交流电的工作效率更高。

直流电和交流电可以互相转换，不过这样的转换有点麻烦。随身携带笔记本电源线的人对此深有体会——电源线中间总有个沉重的小方块。这个讨厌的小东西名叫"交流 / 直流转换器"，它的职责是把来自插座的交流电转化成笔记本电脑需要的直流电。（笔记本电脑的电池提供的也是直流电。）工程师在转换器内部设置了一系列线圈和电路。为了完成任务，转换器真的不能太小，[2] 所以现在，我们还是得带着这个沉重的东西。

祖父的盒子和一段科学史

今天的人们早已对电习以为常，但在人类刚刚开始利用电能的时候，它还是一头性情暴虐、反复无常的怪兽。我祖父就经历过各种新奇电器初次进入千家万户的年代。

最早的一批电视工程师中就有我的祖父杰克。在那个年代，电常常离不

1 也就是每秒循环 50 次——所以我们说英国主电网的额定频率是 50 赫兹。
2 写给爱好细节的读者：转换器的工作流程分为三步。第一步，它把 230V 的电压转化为 20V 左右，即笔记本电脑的工作电压。第二步，转换器把电流的每一次循环切割成两半，截出方向一致的电流。第三步则是对电流进行平滑处理，让它变得像电池输出的直流电一样稳定。

开大量的噪声和热，而且很容易引发爆炸。那些往事深深镌刻在我祖母的记忆中。在这个智能电话和无线网络触手可及的年代，祖母记忆中那些电器带来的惊恐显得非常遥远。她对电器和电路的熟悉程度也让我惊讶不已。我从没听她认真谈论过任何科学技术，但只要说起老式电视机，她总会信手拈来我闻所未闻的电气术语。"嗯，"某天她告诉我，"行输出变压器是一种重要元件，电视机里的行输出变压器有时候会发出巨响，或者一边冒烟一边飘出烧焦的味道。"祖母的话轻描淡写，但她的北方口音提醒我，那一幕真实发生时很可能极为糟糕。

我们看不见电子，但是在 20 世纪 40 年代到 70 年代，你不难看到电子的去向，它们经常引发砰的一声巨响，或者刺耳的咝咝声和噗噗声。突然出现的焦黑斑点和耀眼的闪光也会提醒你，刚才一定有大量能量去了它不该去的地方。杰克所处的年代正是电气时代的开端，也许只有他们那一代人才知道人类最初探索电的世界是怎样的体验。到了他的职业生涯末期，晶体管和计算机的结构都不再暴露在人们的视线中，小巧的外观和封装掩盖了它们复杂、精密的内在，你根本看不出它们内部的世界到底有多么宏大。不过，在这个时代到来之前的几十年里，你几乎可以亲眼见证一切奇迹的萌发过程。

1935 年，16 岁的杰克以学徒的身份加入了大都会维克斯公司(Metropolitan Vickers)，也就是当地人口中的"都会维克"(MetroVick)。这家电气重工业巨头的总部位于曼彻斯特附近的特拉福德，它是发电机、汽轮机等大型电气设备的世界级生产商。21 岁时，杰克结束了电气工程领域的学徒期，成功出师。他的工作贡献很大，所以这位年轻人得到了免服兵役的特权。接下来的 5 年里，他一直在都会维克公司测试机载枪械的电子系统。这类系统的首次测试被称为"闪火"(flashing)。人们向整套系统施加 2000 伏的电压，只要没有发生爆炸，就算测试通过。这就是人类刚开始驯化电子的蒙昧年代。

战争结束后，EMI（Electric and Musical Industries，电子与音乐工业公司）[1] 开始招募电气专家。早期的电视机都是复杂且暴躁的野兽，只有靠专家去设置参数，反复调整，所以 EMI 派遣杰克去伦敦接受电视工程师的专门培训。当时电视机的主要元件包括各式各样的开关、电阻器、导线和磁铁，这些元件可以"诱拐"电子，让它们乖乖按照我们的心意行事。直到20 世纪 90 年代，这些玻璃、陶瓷和金属制成的元件仍是电视机的核心。那种电视机可以射出一束电子，然后使之弯曲。只要操作得当，屏幕上就会出现活动的图像。

杰克学习的是 CRT 电视的相关技术，我喜欢这个名字，因为它总让我想起电子被发现之前的那个世界。CRT 是 Cathode Ray Tube（阴极射线管）的缩写，阴极射线的发现也是个有趣的故事。1867 年，德国物理学家约翰·希托夫（Johann Hittorf）正在观察自己最新的实验结果。实验室里一片漆黑，这里的主角是一根两端镶嵌金属棍的真空玻璃管。这件设备听起来似乎平淡无奇，但是只要在金属棍之间接入一大块电池，就会有看不见的神秘物质从玻璃管的一端流向另一端。这是多么奇怪的事情！希托夫知道神秘物质的确存在，因为它会让安排在玻璃管另一端的特殊材料发光。谁也不知道这种流动的神秘物质到底是什么，但它需要一个名字，最后人们决定称之为"阴极射线"。阴极是指真空管与电池负极相连的那一端，神秘物质正是从这里发出的。

直到 30 年后，汤姆森（J.J. Thomson）才发现，真空管内流动的物质其实不是射线，而是一束带负电的粒子——如今我们称之为电子。但时过境迁，"阴极射线"这个名字已叫了太久，于是人们保留了这个约定俗成的叫法。

---

1 这是一家以电子技术为核心的老牌企业，主要业务涉及录音和播放技术。后来，EMI 发展出了一个极有影响力的音乐品牌，也就是我们熟知的"百代唱片"。——编者

今天我们知道，存在电压差的两极之间会形成一个电场，电子总会从负极向正极流动。任何带负电的粒子都会被电场加速，因为电场会对它施加持续的推力。电子之所以会流向正极，不仅是因为它会被正极吸引，也因为电子在运动过程中受到电场的推动。两极之间的电压差越大，电子流动的速度就越快。CRT 电视内部的电子击中屏幕时的速度十分惊人。哪怕是与整个宇宙的速度上限——光速相比，这个速度也不算微不足道。

直到 20 年前，引领人类发现电子的阴极射线管仍是所有电视机的核心元件。每一台 CRT 电视背后都有一个喷出电子的设备，而显像管就是真空的，电子在这里飞行不会遇到气体的阻碍。"电子枪"射出的电子会径直穿过真空区域，撞击屏幕。

●

杰克去世后，我姑妈将他车间里的一个盒子留作纪念。盒子里的小物件琳琅满目，其中有一种很像圆柱形灯泡的玻璃管，里面装着昆虫似的奇怪金属零件，这其实是一种"阀"，可以用来控制回路中的电子。在职业生涯的早期，杰克的工作是找出有问题的元件，然后把它们换掉。我的母亲、姑妈和祖母对此都有清晰的记忆，因为那时候家里到处都是五花八门的电子元件。盒子的角落里藏着一大块环形磁铁，现在它已经碎成了两半。

这个物件背后的意义非同小可，它代表了物理学家在 19 世纪晚期的重大发现：磁可以控制电，电也可以控制磁。电和磁是一体两面的现象，电场和磁场都能推动电子，但结果不同。电场会沿着场的方向推动电子，而磁场会对运动的电子产生侧向推力。

发出电子束已经很让人惊奇了，但老式电视机真正巧妙的地方在于对电子束方向的控制。这种技术的奥妙在于电和磁之间密不可分的关系。在磁场中，运动的电子会受到侧向的推力，磁场越强，推力也越大。通过调节老式电视机内部的磁场强度，人们可以按照需要扭转电子束的方向。姑妈给我看的那一大块永磁铁曾经被安装在电子枪旁边，它可以辅助约束电子。真正负责调整电子束方向的是离屏幕更近的电磁铁，来自天线的信号直接控制着它的磁场。磁场内的电子束逐行扫描，带着视频信号击中屏幕，让屏幕的每一点都呈现应有的明暗和色彩。祖母提到的"行输出变压器"就是用来控制电子束扫描过程的。电子束每秒对 405 条扫描线进行 50 次循环扫描，精确控制屏幕上的各个点，以保证屏幕呈现清晰的图像。

这是一场精巧复杂的电子之舞。要让电视屏幕正常显示图像，我们需要大量元件协同合作，哪个环节都不能出错。早期的电视机有很多用来调节参数的旋钮和转盘，你可能会觉得这么复杂的设备摆弄起来一定很有意思，但普通观众很难学会这么烦琐的调整方法。杰克十分擅长对付老式电视机。在那个年代，他的手法看起来简直就像变魔术。千百年来，娴熟的手艺一直是工匠的立身之本，人们可以将工匠的操作手法当成绝活来欣赏。现在不一样了，电气工程师可以让设备正常运转，但门外汉根本看不到内行到底做了什么，更不知道设备是如何运转的。

电视屏幕上的绚丽图像竟然全都来自真空腔内沉默隐形的电子，想想真有些不可思议。长达 50 年的时间里，电视机的基本原理一直没有变过。让电子进入电场，它的速度必然会变化。让运动的电子进入磁场，它的路径必然会发生偏转。要是停留在磁场内的时间够长，电子甚至可以转圈。

日内瓦的欧洲核子研究组织（CERN）有一台巨型物理实验设备，叫作大型强子对撞机（Large Hadron Collider, LHC）。它最著名的功劳是在 2012 年发现了希格斯玻色子。[1] 这台设备的运作原理和阴极射线管一模一样，

---

1 这个发现引起了轰动。在此之前，物理学家已经在组成宇宙的粒子之中探测到了一种模型，粒子物理学界称为"标准模型"。但这种模型成立的前提是宇宙中存在一种非常特殊的粒子：希格斯玻色子。人类花了数十年时间来寻找希格斯玻色子，2012 年的发现极大地增强了我们对现有理论的信心。

只不过它加速的物质不是电子。电场能够加速任意带电粒子，磁场也能弯曲任意带电粒子的运动轨迹。这台设备里高速运行的是带正电荷的质子。通过 LHC 的加速，质子的速度可以无限接近光速，但即便是人类制造的超强电磁铁，也很难让质子扭转方向。于是，为了让质子达到想要的偏移程度，LHC 修建了长达 27 千米的环形隧道。

带电粒子在真空中的流动现象让人们发现了电子，也让 CERN 的大型强子对撞机找到了希格斯玻色子。直到不久前，这种真空管器件还藏在千家万户最常用的电器之中。现在，笨重的 CRT 电视几乎已经彻底被液晶电视取代。2008 年，液晶显示器在世界范围内的销量就已超过 CRT 显示器，历史一去不复返了。液晶显示器的普及成就了笔记本电脑和智能手机，因为它更加便携。新的显示器的背后依然是电子，但原理更加复杂。屏幕被划分为多个微小的格子，我们称为"像素"，电子开关控制着每个像素点。如果你的屏幕分辨率是 1280×800 像素，这意味着它实际上由大约 100 万个独立的像素组成，每个像素都能通过微妙的电压变化完成切换，它们的状态每秒至少要更新 60 次。所有像素点配合默契，令人震惊，但与笔记本电脑的功能相比，这又显得那么微不足道。

我们不妨回头来看磁铁。磁场可以推动电子，因此它也能控制电流。不过，电和磁之间的互动是双向的，电流也会产生自己的磁场。

又是烤面包机

正如我们在第 5 章中看到的，烤面包机可以利用红外线高效地加热面包片。但烧烤台也能高效地加热食物，这不算什么。烤面包机真正厉害的地方在于，它知道应该在什么时候停止加热。

烤面包机使用起来非常方便。只有当你压下侧面的工作杆时，面包片才会沉入烤面包机内部。如果工作杆没有按压到位，面包片就会自己弹回来。如果你把工作杆压到底，听到了咔嗒声，那么几分钟后，热腾腾的面包片就会弹出来。你不需要一直守在旁边，烤面包机会再次发出咔嗒声，然后自动把烤好的面包片弹出来。我在厨房里翻找黄油和果酱的时候，有某种力量让面包片一直停留在烤面包机内部。

烤面包机的工作机制有一种简洁之美。烤面包机内部有个托盘，托盘底部的弹簧可以将面包高高举起，远离加热元件，可是当你压下工作杆时，弹簧就会屈服于你的力量，托盘就会下沉。一旦托盘到达烤面包机底部，一小片凸出的金属就会连通两个回路。其中一个回路负责加热，于是烤面包机内部的电流开始流动，加热元件开始工作。

另一个回路的任务更加有趣。回路中的电子流经的线路绕着一小块铁转了一圈又一圈，最后再回到插座里——对电子来说，这样的路线可能有些晕头转向。电和磁密不可分，电子流经导线时会在导线周围产生磁场，如果电流经过的是线圈，那么电子每流动一圈，这个磁场的强度就会增强一点，线圈中央的铁芯又进一步增加了磁场强度。这就是电磁铁，通电时它会产生磁性，一旦电流归零，磁场也随之消失。压下烤面包机的工作杆时，你在烤面包机底部制造了一个原本不存在的磁场。面包托盘是铁质的，所以托盘会被吸在这块电磁铁上。换句话说，我在冰箱里翻找黄油的时候，一个临时的磁场将面包托盘固定住了。烤面包机侧面有一个计时器，一旦回路接通，计时器就会开始工作。只要时间一到，计时器就会切断电路。失去了电流的电磁铁无法维持磁性，在弹簧的作用下，面包托盘向上运动，面包片就弹了出来。

有时候，我会忘记给烤面包机插电，不过我很快就会回过神来，因为电磁铁没有通电，无法吸附托盘，所以工作杆一定会弹回来。这套机制如此简单,却又如此精巧。我们每一次烤面包片都是在利用电和磁之间的基本关系。

电磁铁用途很广，因为人们可以用它轻松地控制磁性。扩音器、电子门锁和计算机硬盘驱动器里都有电磁铁，需要持续供电，否则磁场就会消失。冰箱贴那样的磁铁叫作永磁体。你不能控制冰箱贴磁性的有无和大小，而它们也不需要能源。电磁铁在通电时的特性和冰箱贴一样，但只要停止供电，它的磁性就会消失。

我们周围到处都是微型磁场，有的是永久性的，有的是临时性的。这些磁场几乎都是人造的，它们要么有某种实际用途，要么是某个元件完成自身任务时产生的。这些磁场影响的范围通常很小，所以你只有凑得很近才能探测到它。不过，除了这些小磁场以外，还有一个大得多的磁场笼罩着我们的行星，而且它是纯天然的。我们感觉不到它的存在，但却时时刻刻都在利用它。

指南针和大陆漂移

我们早已对指南针习以为常，尤其是热爱远足的人们。指南针的指针标有 N 的一端永远指向北方,这为我们提供了很多便利。如果你有 10 个、20 个，甚至 200 个指南针，把它们全都摆在你面前的地板上，那么每个指南针标有 N 的一端都会指向北方。你总会发现，无论你看还是不看，无论放在哪里，指南针标有 N 的一端始终会指向北方。你可以把这些指南针送到世界上的任何一个地方，然后重新把它们一字排开，结果都是一样的。无论你是在城市、沙漠、森林还是山地里，地球磁场永远与你同在。我们生活在这个巨大的磁场中，虽然人类永远无法感觉到它的存在，但指南针会悄无声息地提醒你，它就在那里。

　　指南针是一种非常简单的工具。它的指针是一块磁铁，磁铁的两端分别是 N 极和 S 极。这表明指针一端指向地磁北极，另一端则指向地磁南极。取两块磁铁，让它们彼此靠近，你会发现你得花很大的力气才能让两块磁铁的 N 极贴到一起，但两块磁铁的 N 极和 S 极之间却有极强的引力。借助这一点，我们可以轻松地探查磁场方向：在磁场里放一小块磁铁，让它自发旋转，稳定下来之后，它的 N 极和 S 极指向与磁场方向相反。这就是指南针的原理：活动的磁性指针会指出它所在的磁场方向。我们看不到地球产生的巨大磁场，但可以通过指南针的指针观察它。指南针不光能感知地球的磁场，举着指南针在家里转一圈你就会发现，插座、钢制锅、电气设备、冰箱贴，甚至近期接触过磁铁的铁制品周围都存在磁场。

　　显然，指南针最重要的用途是导航。在一个球体的表面上确定自己所在的位置从来就不是易事，但地球的磁场为古往今来的探险家们提供了非常可靠的工具。地球拥有地磁北极和地磁南极，只要手边有一个指南针，你就能轻松判断南北。作为一种导航工具，磁铁制成的指南针直观、廉价，而且不需要任何能源。但是，指南针也有缺陷，排名第一的缺陷听起来非常严重：地球的磁极并不是固定不变的，它会发生漂移，有时候甚至会漂移很长一段距离。

　　在我敲出这段话的时候，地磁北极位于加拿大北部，距离"真正的北极"约 430 千米。这里的"真正的北极"指的是由地球自转轴确定的地理北极。在一年的时间里，地磁北极可以移动 42 千米。如果以现在的趋势推测，地磁北极将跨越北冰洋，向俄罗斯的方向前进。对航海家来说，这个消息听上去非常糟糕。但地球真的很大，磁极漂移带来的影响或许没有我们想象的那么严重。地球磁场的细微变化自有其内在的原因，这一现象也提醒了我们，我们脚下这颗星球绝不仅仅是一个静态的岩石球。

　　在我们脚下的地底深处，富含铁的地核外层正在缓慢地运动，将内部的热量送到外层。地球的自转迫使熔化的岩浆随之转动，由于铁的存在，黏稠凝滞的地核外层成了电导体，甚至很像烤面包机里的电磁铁。科学家认为，地核外层中的电流随着地球而转动，造就了我们这颗行星的磁场。既然地磁来自缓慢移动的岩浆，那么岩浆运动的微妙变化自然会影响地球磁场，造成磁极漂移。地球磁轴的方向与自转轴大体一致，这是因为地球的自转带动了富含铁质的岩浆旋转，同样也是这个原因，磁轴和地轴的方向只是大体一致，而非完全吻合。

　　如果你非常在意导航的准确性，那就需要根据磁极的实时方位修正指南针的指示结果，因为地磁北极并不是真正的地理北极。现在的地图会同时标出这两者的位置，我看过英国国家测绘局（Ordnance Survey）发行的英国南岸局部地图，地图上方同时标出了地理北极和地磁北极。如果你完全按照指南针指示的方向朝北方前进 40 千米，最终你的位置会向西偏差 1 千米。地图似乎是永久不变的，但用来导航的磁场却没那么稳定。现代技术可以保证我们不会因为磁场带来的偏差而时常迷路，但即便装备了目前人类最先进的导航技术，航空业仍需高度警惕地球磁场带来的误差，所以机场必须不断更改跑道上的标志。

　　下次去机场的时候，请注意观察每条跑道起点处的巨大标志。全世界的所有飞机跑道都会标有数字，其大小等于跑道偏离正北的方向角数值除以10。举个例子，格拉斯哥普雷斯蒂克国际机场的一条跑道标着数字 12，这代表降落在这条跑道上的飞机机头角度是 120 度。每条跑道都会标出一个从 01 到 36 之间的数字。[1] 这个角度的测量基准是地磁北极，因为这是根据指南针来定的。在 2013 年，12 号跑道变成了 13 号跑道，这是为了与漂移后的地磁北极保持一致。跑道没有动过，但地球磁场动了。航空管理机构时

---

1 或者跑道两头分别标出两个数字，二者之间相差 18（比如 09-27）。因为飞机可以从跑道的任意一头起飞或着陆，不过显然，根据你选择的方向不同，机头的角度自然会相差 180 度。

时刻刻注意着这方面的动向，有必要则更改跑道的标志。地球磁极移动的速度相对很慢，所以这样的修正还可以接受。

磁极漂移只是个开始。地球不稳定的磁场影响的不只是导航。地磁变化留下的蛛丝马迹帮助人们最终确认了地质学历史上最简洁、最基础也最具争议性的理论：大陆板块（主宰地球表面的巨大岩石块）漂移说。

●

20 世纪 50 年代，人类文明飞速进入全新的科技时代。现代社会的根基已经初现雏形：微波炉、乐高、魔术贴和比基尼先后登台亮相，并且开始普及。人类迎来了原子时代，人们的生活方式有了颠覆性的改变，信用卡也在这时问世。然而，尽管现代化的进程快得让人眼花缭乱，人们对自己居住的这颗行星依然所知甚少。地质学家一直在狂热地为各种岩石编制目录，但他们却无法解释地球本身呈现的问题：山脉是怎么形成的？为什么会有火山？为什么有的岩石非常古老，有的岩石又那么新？不同地区的岩石为什么差异巨大？

许多现象亟待解释。南美洲东岸和非洲西岸的轮廓线极其相似，看起来就像是两块相邻的拼图。除了轮廓线以外，这两条海岸线上的岩石种类和化石类型也高度吻合。难道这些全都是巧合？但大部分科学家从未深入思考过这些问题，大陆实在太大了，谁也没想过它竟然会动。20 世纪早期，一位名叫阿尔弗雷德·魏格纳（Alfred Wegener）的德国研究者终于将各方面的证据拼凑在一起，提出了"大陆漂移"假说。魏格纳提出，南美洲和非洲曾经彼此相连，后来这片巨大的陆地裂成了两半，越漂越远。当时几乎没有哪位科学家把他的话当真，大陆这么庞大的东西也能漂移大约 4800 千米？这听起来简直是天方夜谭。就算魏格纳说的是真的，那么是什么力量推动了大陆漂移呢？魏格纳认为，海床上的沟壑是大陆漂移时摩擦形成的，但他无法提供任何证据。魏格纳既说不出大陆漂移的原因，也无法描述漂移的具体过程，所以他提出的假说很快就被人们束之高阁。此后也没有人提出更好的理论，这个问题一直悬而未决。

到了 20 世纪 50 年代，人类仍未解开南美洲和非洲之谜，但科学家们有了一些新的发现。火山喷出的岩浆里富含铁元素，人们发现，其中有一种化合物的微粒在磁场中会像指南针的指针一样转动。等到岩浆冷却形成岩石以后，这些铁矿微粒也会被固定下来无法继续转动。也就是说，含铁的火山岩会记录下岩石形成时地球磁场的方向。地质学家开始利用这一点研究地球磁场在漫长岁月中的变迁，结果发现了一些更有趣的事情。地球磁场的方向似乎每隔几十万年就会倒转一次，原来的地磁北极变成了地磁南极，原来的地磁南极则变成了地磁北极。这似乎并不重要，但十分古怪。

接着，地质学家开始探查海床。地球结构有一个未解之谜：海床大部分区域都是平坦的，但几个大洋底部却耸立着宏伟的海底山脉，谁也不知道这些山是从哪儿来的。最著名的海底山脉是大西洋中脊，这条山脉由许多火山组成，它始于水面之上的冰岛，随后沉入波涛之中，在大西洋底蜿蜒，一直延伸到南极洲附近。1960 年的磁场测量数据表明，这道山脊周围的岩石表现出了奇怪的磁性。它们产生的磁场是带状的，而且磁场带的方向平行于大西洋中脊。从这条山脊开始往外测量，海床上的岩石产生的磁场先是指向北方，然后转向南方，然后再次转回北方，而且这样的带状磁场沿着大西洋中脊延伸，始终保持一致。更奇怪的是，山脊两侧的磁场完全呈镜像排列。

1962 年，两位英国科学家德拉蒙德·霍伊尔·马修斯（Drummond Hoyle Matthews）和弗雷德·瓦因（Fred Vine）找到了这些现象之间的联系。[1] 事后去看，你几乎能听到所有奇怪的线索拼到一起时发出的咔嗒声。他们提出，在大陆漂移分离的过程中，海床上的火山也许会不断喷发，形成新的海床。海底山脊最高处的磁性符合当时的地球磁场，但是随着大陆的漂移，山脊处的岩石会不断向坡底移动，同时火山喷发形成新的岩石。等到地球磁场发生逆转的时候，刚刚喷出的岩浆磁性也会随之逆转，形成磁极方向相反的新的岩石带。山脊两侧的磁场条带之所以会呈镜像排列，是因为每一条岩石带都代表着磁极方向相对固定的一段时期，直至磁极发生逆转。同时期的其他发现表明，原有海床在大陆漂移的过程中会不断被摧毁，这一点非常重要，因为地球本身的大小是不变的。在南美洲的另一侧，安第斯山脉之所以会存在，是因为太平洋原有的海床被推入大陆板块下方，重新进入地幔。只要你知道了大陆板块会漂移、碰撞、分离，在这个过程中它们会不断摧毁旧海床、创造新海床，那么我们之前提到的地质谜团就都有了合理的解释。板块构造论的发现是地质学领域的一块丰碑，现在，这套理论已经成为我们理解地球结构的基础。

　　大陆的确会发生漂移，但它们不会摩擦海床。大陆板块漂浮在地幔上方，地壳之下的对流为它们提供了推力。时至今日，大陆的漂移仍未结束。目前，大西洋仍在以每年 2.5 厘米左右的速度继续变宽。[2] 新的磁性岩石带仍在不断形成。要说服科学家地球表面的大陆竟然能够移动，这需要坚实的证据，海床奇怪的磁性模式提供了不容置疑的证明。今天，我们可以用高精度 GPS 数据测量所有大陆的移动，也能看到地球的运动。但在几十年前，在地球岩石中沉睡了千万年的磁性材料为我们提供了证明大陆漂移说的关键证据。

---

1 同时代的加拿大人劳伦斯·莫利也曾提出过同样的想法，但他的论文因为"荒谬可笑"而被期刊退稿了。
2 人们常说，大西洋变宽的速度和你的指甲生长的速度差不多。

最后一块拼图

电和磁的协同作用至关重要。人类的神经系统利用电来传递信号，电驱动了我们的文明，而磁让我们能够储存信息、操控看不见的电子完成各种任务。文明竟能如此彻底地让人们感觉不到电磁的世界，这实在是个了不起的成就。普通人很少有机会遭遇电击或者停电，我们如此善于掩饰电场和磁场，以至于大部分人根本意识不到它们的存在。这一方面展示了我们对电磁强大的控制力，另一方面又显得相当可悲，因为我们心甘情愿地远离了那个精彩绝伦的世界。但是，未来的某些新东西或许会提醒我们，让我们不至于将电和磁彻底遗忘。

人类文明正在试图摆脱对化石燃料的严重依赖，前方有一条越来越清晰的出路。发电不一定要在荒郊野外的发电厂进行。生产可再生能源的发电站可以设置在离家园更近的地方，或许在未来，我们将有更多机会看到自己用的电来自哪里。我戴的手表上就有一块太阳能电池板，现在这块表已经兢兢业业地工作了7年。在窗旁收集太阳能的技术已经问世，除此以外，我们还能收集走路产生的动能和波浪产生的能量。这一切都基于电和磁的基本原理。

关于电和磁的拼图还剩下最后一块。烤面包机让我们看到了电流产生的磁场，但磁场也能产生电场。如果在导线附近移动一块磁铁，电子之类的带电粒子也会受到推力，这意味着运动的磁铁会创造出电流。这不是什么未来的高科技，这就是现代电网使用的基础技术。控制导体和磁场之间的相对移动，让变化的磁场推动电子，转换出电能——靠燃气和核能推动的汽轮机和手摇发电的收音机都在利用这个原理。风力发电就是最简单、最美好的电磁转换案例。

高高的风力发电站看起来平和而安宁，白色立柱支撑着转动的优雅扇叶。

但只要你走进塔基，就会看到平静之下的不平静。这里充满了低沉嘈杂的嗡嗡声，你会觉得自己仿佛一步迈进了某个巨型乐器的肚子里。定期对访客开放的风力发电站为数不多，我曾在英国东部的斯沃弗姆参观过一处。这趟旅程戳破了我脑子里的美丽想象，但我觉得不虚此行。

　　沿着旋转楼梯向上攀爬时，时强时弱的嗡嗡声一直伴随在我左右。你可以感觉到风正在摇撼整座高塔，眼前的光线开始闪烁，你知道自己离塔顶越来越近，因为转动的扇叶有规律地遮挡了自然的阳光。突然间，眼前豁然开朗，在离地 67 米的高度，你进入了一个封闭式的全景看台，发电机的转轴就在你头顶上。现在，所有平和安宁的感觉已经彻底消失，三片长达 30 米的巨型扇叶在你头上呼呼转动，让人感到震撼。毫无疑问，高空中充盈着待收割的能量，风时强时弱，扇叶的转速也随着风力的变化不断起伏，几乎完全同步。单单这一点就给我留下了深刻的印象。

　　但风力发电机最关键的部分隐藏在扇叶后面的转轴座里。如果我把鼻子贴在玻璃上使劲抬头，就能看见整个轴座。在我头顶，转轴的外圈绕着固定的内圈稳定地旋转。外圈的内衬是一层强磁性的永磁体，而内圈则衬有一层铜线圈，与回路相连。转动的磁铁会在线圈内引发感应电流，运动的磁场推动电子在线圈中流动。尽管磁铁和铜线并未直接接触，但这套系统却将扇叶转动的能量转化成了回路中的电能。扇叶驱动磁铁绕线圈旋转，根据电和磁的定律，线圈中必然产生电流。这就是风力发电机的工作原理。

　　其他所有发电站背后都有这个原理，无论它们使用的能源是煤炭、天然气、核还是波浪。外来的能源推动磁铁绕线圈转动，动能通过这种方式转化为电流。风力发电机的美妙之处在于，它的发电方式非常原始，风直接推动磁铁产生电流。如果换成烧煤的火电厂，我们就需要用煤来加热水，再利用水推动蒸汽涡轮机转动磁铁。这两种发电方式得到的结果完全相同，但火电厂需要的中间步骤更多。你每一次插上插头，都是在使用运动的磁铁推动铜线中的电子产生的电流。电和磁形影不离，难分彼此。支持人类文明的主要能源全都来自这对双胞胎兄弟默契的舞步。今天，我们将它们深深地隐藏起来，电和磁的世界被我们砌进墙壁、埋入地下。现在的孩子或许一生都不会直接看到或体验到电和磁，我们为那个奇妙的世界盖上了一件隐身的斗篷，我们的后代也许再也体会不到电磁有多么奇妙，多么重要。我们不能任由这样的事情发生，因为人类文明的经纬全都由电磁的丝线织成。

第 9 章

不同的视角

我们每个人都离不开三套关乎生存的系统：人体、地球和人类文明。这三套系统密不可分，因为它们存在于同一个物理框架下。要维持生命、促进社会繁荣发展，我们能做的最大努力便是尽量深入地理解这三套系统，这不仅能满足我们的好奇心，同时也具有深远的现实意义。因此，本章将以独特的视角分别审视这三套系统。

人体

我正在呼吸，你也一样。我们的身体需要吸入空气中的氧分子，排出体内的二氧化碳。每个人都拥有一套个人维生系统，那就是自己的身体。我们的身体可以完成许多工作，但它必须从外界获得补给：能量、水与合适的分子级"积木"。

呼吸是我们获得补给的途径之一。细究之下，你会发现呼吸的机制相当巧妙。你扩张胸腔、增加肺容量，较远处的空气就会把口鼻附近的空气分子挤进你的气管。深吸气时，你的胸腔进一步扩大，为即将到来的空气留出更多空间，让它们冲进你的肺里，与肺内的微小结构发生接触。接下来，你放松胸腔周围的肌肉，肋骨在地球重力的作用下向下运动，迫使肺里的空气分子相互推挤，最后通过气管排出体外，重新回到外面的大气中。吸入肺部的空气里能被你的身体利用的不仅仅是氧分子。空气经过鼻腔里的嗅觉细胞时，数十亿个分子中总有那么几个会与感知嗅觉的关键分子发生碰撞，它们会巧妙地契合，就像钥匙插进锁孔。这番结合向大脑输送一个信号，你就会知道自己闻到了某种气味。空气中少量特殊的分子正好被送到了正确的地方。我们的身体就这样获得了来自外界的信息。

人体由细胞组成，人体的细胞总数大约是 37 万亿个。每个细胞都是一间微型工厂，需要补给和安稳的环境，包括适当的温度、湿度和 pH。你在这世间行走时，你的身体一直在不断地调整自身，适应周围的环境。如果你在温暖的房间里待得太久，靠近皮肤表面的分子就会振动得更快，因为它们获得了更多能量。这些振动传递到身体更深处，就有可能扰乱细胞的正常工作。因此，当房间里温度较高的时候，你的身体需要散热。这听起来似乎很简单：水分子在温暖的环境中很容易蒸发并带走热量，而你的体内有大量可供蒸发的水。然而，这些水都被锁在你的体内，很难穿过人体表面，所以你需要出汗。

人体皮肤最外层的细胞下方有一层薄薄的脂肪分子，这道藩篱隔绝了人体内外的液体。不过，如果环境温度较高，你的皮肤就会悄悄打开这道藩篱上的"阀门"，也就是你的毛孔。通过毛孔，汗水从体内穿过了防水的脂肪层。一个个水分子在温暖的皮肤表面聚集起来，直至获得足够的能量，蒸发出去。这些分子一个个离开你的身体，你的皮肤也因此变得更加凉爽。如果汗水带走了足够的热量，皮肤上的毛孔就会关闭，再次隔绝身体内外的液体。你的皮肤不能完全防水，这一方面是为了排汗，另一方面也是为了吸收外界的水分，为身体补充水分。血液是人体内的补给系统，它负责调度和分配包括水在内的很多资源。为了支持人体所有健康的细胞，这套系统必须一刻不停地运转，我们可以通过脉搏来检验血液系统的运转是否正常。

脉搏是一种三维的扰动，它实际上是一道运动的压力波，反映着血流的情况。我们的心脏不断挤压心房和心室中的血液，增加心脏内部液体的压强，迫使它们进入动脉。心脏的收缩强劲有力，一旦这种收缩停止，心脏内的液体压强就会下降。现在血液受力的方向发生了逆转，但是由于心脏和动脉之间有一道单向的"阀门"，所以刚刚进入动脉的血液不会回流。血液造成的瞬间压力会让阀门关闭，接下来血液还会继续挤压阀门的组织。这股力量十分强大，血液会因此向外压迫周围其他组织，于是压力波沿着血管传遍全身，对所到之处的所有肌肉和骨骼造成轻微的压力。大约 6 毫秒后，压力波传到身体表面，如果你用听诊器或者耳朵紧贴某人的身体，你就会听到它的搏动。如果波无法在人体组织中传播，我们就无法听到自己的心跳。事实上每次心跳都分为两个节拍："扑——通"，因为心脏内共有四道阀门，它们总是轮流成对开闭。物理学和生理学结合产生的心跳是生命最重要的广播信号，它的影响范围遍及整个人体。

出汗以后，血液中的水分子数量必然减少，于是你的身体需要从外界补充水分。要完成"喝水"这个简单的任务，你的全身细胞需要协调合作。你的大脑需要发现你口渴了，还要做出喝水的决策，并且协调身体各部位完成喝水的动作。

脑细胞本身毫无用处，它必须与身体更远端的其他细胞建立联系，然后才能发挥作用，在我看来，这里涉及的网络与脑细胞同样重要。神经纤维负责传递身体内部的信号，这是细胞组成的细线，就好像体内的导线。一旦发出，电信号就会沿着神经纤维涟漪般地扩散出去，就像被推倒的多米诺骨牌。一条神经纤维的末端连接着另一条纤维，带电粒子的舞步推动信息跨越两条纤维，让下一组多米诺骨牌继续接力、传递信息。短短几分之一秒内，信息到达腿部肌肉。在生物电信号的协调下，坐在沙发上的你站了起来，准备去给自己倒杯水喝。脚下地板的触感，还有运动产生的微风为皮肤温度带来的细微变化，这些信息又通过其他电信号反馈回你的大脑。

每时每刻都有无数信息在我们体内川流，有的信息通过电信号传播，有的由激素之类的化学递质传递。人体内的多种器官和结构之所以能构成一个协调的整体，是因为连接各器官的不仅仅是资源，还有信息——协调一致、互相印证的信息洪流。不必等待信息时代的到来，我们的身体早就可以高效而精确地传递大量信息了。

这些信息分为两类。第一类是在我们体内时刻流动的信息，比如用神经信号和化学信号传递的信息。除此以外，我们还携带着海量的静态信息，人体的 DNA 里藏着分子级的信息库。在我们周围的世界里，千百万个相似的原子结合在一起，形成玻璃、糖或者水。DNA 链这样的大分子的构造更加复杂，它包含很多不同的原子，这些原子独特的排列方式呈现了一份人体密码表。细胞内的微型工厂可以沿着 DNA 的长链读出 A、T、C、G 四种基因密码排成的密文，并依照这些信息来构建蛋白质、调整细胞活动。和原子比，人体如此庞大，细胞工厂当然需要 DNA 里的海量信息。

人身就像一台复杂的机器，单单一个细胞可能就包含了 10 亿个分子。要让这么多细胞协同工作，我们需要强大的通信系统和运输系统，还需要足够的时间。人类的反应速度不会快如闪电，因为人体太复杂了，所以我们要完成任何一个动作都必须消耗不少时间。人们用"眨眼之间"（大约 1/3 秒）来形容极快的动作，但一眨眼的时间已经足够让我们的身体制造出数百万个蛋白质分子，让数十亿个离子越过神经突触，在这段时间里，你可能只完成了一点点动作。

当你从一个房间走向另一个房间时，你的体内有大量的信息在传递。这套庞大的系统会让你了解周围的环境。现在，你要喝水。人体拥有内置的传感器，会感知环境的变化，并将搜集到的信息传递给大脑，其中最容易被我们注意到的可能是视觉信息。

我们周围的空气中布满了波，但我们能够看到的光波极其有限。我们的瞳孔哪怕扩张到极限，直径也只有几毫米。波的海洋携带着外部世界的信息，其中大部分我们根本看不见，只有可见光会进入我们眼中的小孔，我们却由此获得了习以为常的海量视觉信息。我们的身体会对接收到的光波进行整理，从中提取信息。眼睛是我们观察世界的窗户，它的最外层是一层柔软透明的"镜片"，这层镜片会将光速降低至空气中光速的 60%。减速后的光会发生偏转，而眼部周围的微小肌肉会调节镜片，就像拍照时调整焦距一样。这个过程令人惊叹。我们以为自己看清了所有细节，但实际上我们只是提取了需要的信息，然后将这些信息组织成一幅画面。

击中视网膜的光可能来自月亮，也可能来自被灯光照亮的手指，但它们带来的影响有相同之处。它们都会被视网膜上的视蛋白吸收，由此引发一串多米诺效应，向我们的控制系统发送电信号。口渴的你走进厨房，水槽、龙头和水壶反射的光纷纷进入你的眼睛，你的大脑在一眨眼的时间里就处理完了这些信息，然后大脑会告诉你该怎么做。如果厨房里有点暗，我们会打开电灯，释放出大量光波。这些光波向外辐射，并在传播的过程中不断被外界反射、折射和吸收，最后剩下的那部分才会进入我们的眼睛。除了光以外，还有很多东西在我们周围流动。

人是社会性动物。我们利用通信工具收发信息、维护社交网络。声音就是一种最特别的通信工具，每个人的嗓子都是最灵活的乐器，我们利用它来制造、调整、发射声波。每个英国人在泡热茶的时候都会邀请屋子里的其他人共饮一杯，我们用声音发出邀请，其他人通过耳朵接收信号。你发出的邀请会在别人体内触发一道新的信息洪流，他们会对听到的声音进行拆分、重组、分析，最后，神经纤维调动声带肌肉做出得体的回答。得到回复以后，我们会按照当前的需求改造外部世界，重新排布面前的瓷器和金属餐具。

我们的身体由许许多多不同的原子组成，这样的多样性固然美妙，但也有个坏处：原子的排列方式直接限制了我们的能力。不过，人类是改造环境、利用工具、突破局限的大师。我们不能用手捧着水把它烧开，但我们知道如何用铁壶烧水。我们不能把自己身体的一部分变成存放干树叶的密闭容器，但可以使用玻璃罐子。我们没有爪子、甲壳、獠牙，但我们可以制作刀子、衣服和开罐器。我们用陶瓷容器盛放热饮，隔热的陶瓷可以很好地保护我们敏感脆弱的手指。除了木头、纸和皮革这类天然材料以外，我们还拥有金属、塑料、玻璃和陶瓷。

水壶能容纳水分子，还能在微观层面以振动的方式将能量传递给这些分子。现在，这些水分子无规律运动的速度比先前快得多了，于是我们把它们倒进了陶瓷制成的新家。令人沮丧的是，我们只能从热茶溅起的水花中瞥见分子运动的浮光掠影，这一切就发生在我们的眼皮底下，但我们就是看不见，因为我们的神经系统处理信号的速度不够快。现在你已经看不清杯底了：加入牛奶以后，杯中的液体变得浓稠了，数百万个微小的脂肪液滴在不断地反射光线，让我们看到这一点。

在人类改造世界的过程中，我们早已习惯了自己的身体被某种力量牢牢地钉在地面上，仿佛这是天经地义的事情。如果地球重力比现在强，那么我们或许需要更粗壮的双腿，直立行走也会变得更加困难。如果地球重力比现在更弱，那么人类或许会演化得更高，但生活节奏却会放缓，因为所有物品坠落到地面的时间都会变得更长。当你向前迈步的时候，是地球重力迫使你伸出的那只脚在身前落地，你以静止的脚为轴转动，等到迈出的那只脚落地，你的整个身体就会向前运动。没有重力，我们根本没法走路，我们整个身体的演化都在适应重力。我们的体形和身高正好适合直立行走。你端着一杯水走向门口时，你的身体很像一个倒挂的钟摆，你的两条腿轮流向前摆动，转轴是另一条腿和你的髋部。摆动的规律决定了你行走的节奏，进而影响着杯子里的液体，迫使它以相同的节奏荡漾。

走路的时候，你会利用脑袋里的液体来帮助自己保持平衡。这些液体在内耳深处的细管中荡漾，启动和停止都有一定的延迟。管壁上的传感器会向脑部的神经网络发送信号，帮助你判断下一步该如何调动肌肉。

就在这时候，你走到了门口，用空闲的那只手推开门，走向外面的世界。

地球

在户外，你可以举目四顾，透过看不见的大气观察周围的世界。我们的星球由五个相互关联的系统组成：岩石、大气、海洋、冰和生命。每个系统都有独特的韵律和运转方式，它们彼此纠缠、永不停歇的舞步造就了我们眼前这个多姿多彩的世界。同样的力驱动着所有系统，有时候你会在完全意想不到的地方发现相似的规律。我们透过天空中看不见的分子向高处张望，浮力的差异推动无数空气团上下对流。有的空气从我们刚刚走出来的那幢建筑物中吸收了热量，于是它开始上升，因为它的密度小于周围的其他空气。来自温暖地面的上升气柱可能会延伸到几千米的高空中，它们只需要大约 5 分钟时间就能上升 1 千米。在地球重力的作用下，温度较低、密度较大的空气会向下沉降，填满暖空气留下的空间。在我们目力所及之处，这样的对流运动无所不在。空气永远不会彻底停止流动。

深海之下也有类似的对流，而且这些对流你同样看不见。北大西洋寒冷的高盐度海水会沉向海底，就像致密的冷空气一样；到达海床后，这些冷水会沿着海底流动，直到获得热量或者与其他盐度较低的海水混合，重新浮向海面。在天空中，空气或许只需要几个小时就能完成一次对流循环，但在海洋中，完成这样一次对流可能需要 4000 年，在这个过程中，海水甚至可能周游地球。

此时此刻，我们脚下的岩石也在运动。地幔是地球最重要的组成部分，厚厚的地幔位于外层地核和漂浮的薄薄地壳之间。地幔是黏稠的液体，它的运动十分缓慢。灼热的地核和埋藏在地幔深处缓慢衰变的放射性元素都会加热地幔的熔岩，此时此刻，这样的能量转移正在地底深处的岩层中进行，它就发生在我们脚下。灼热的地幔岩石变得更加轻盈，于是它开始上浮；与此同时，温度较低的岩石会下沉取代它原来的位置。但在这样的温度和压力下，熔岩移动的速度非常缓慢。我们脚底深处的熔岩流可能需要一整年才会上浮 2 厘米，它要完成从底层浮到顶层、再沉回底层的完整循环，可能需要5000 万年。但地核与大气、海洋遵循着同样的物理规律，它的热量会不断地自内向外传递。

地核持续不断地向外传递大量的热，但比起太阳赠予我们的热量，地核的热量显得微不足道。在地球上，从广袤的原野到逼仄的角落，绿色几乎无处不在。也许只是砖墙上一抹若隐若现的苔藓，也许是雨林中繁茂生长的参天巨树，无论如何，植物是随处可见的。每片叶子里都有一层层富含叶绿素的细胞，每个细胞都是一间分子级的工厂，它们将阳光和二氧化碳转化为糖和氧气。光的洪流冲刷着每一片叶子，其中一小部分能量会被这些细胞工厂捕获，然后以糖的形式存储起来，作为未来的养分。哪怕是在最宁静的晴天，哪怕周围的一切看起来纹丝不动，植物也一直在忙碌地工作。每个分子都在辛勤劳动，生产可供我们呼吸的氧气。这足以让地球上所有的生物生存下去，足以维持氧含量高达 21% 的大气。这些小小的分子级工厂不断更新着占大气总量约 1/5 的氧分子。当我们举目四顾，目光穿透的空气分子实际上来自数以百万计的蕨类、树木、水藻、青草和其他植物，这支绿色的大军已经不知疲惫地工作了千万年。

就算走到屋子外面，我们能看见的也只是这个世界的一小部分。如果人类能够飘到空中，那么我们的视野就会变得更加广阔。向高处飘的空气分子被重力拉住，只能在地球表面维持薄薄的一层大气。如果你能上升到最强烈的雷暴上方(大约 20 千米的高度)，那么 90% 的大气分子都会被你踩在脚下。海底最深的地方距离海面大约有 11 千米，继续向下 6360 千米，你就会到达地心。如果没有火箭，人类最多只能上升到离地 30 千米的空中，在地球的边缘玩耍。这个高度与整个地球的大小相比，差不多相当于乒乓球表面涂层的厚度与它的直径之比。

在 100 千米的高空中，我们正式来到了地球与太空的交界处。现在，你可以看到整个地球在你脚下旋转，绿色、棕色、白色和蓝色相间的球体在漆黑的宇宙中转动。从这里向下俯瞰，海洋的广阔堪称惊心动魄：这颗行星地表的绝大部分面积都被一种简单的分子覆盖。水是生命的画布，但只有宜居带[1]的能量等级才能允许水分子以液体的形式存在。如果赋予水分子额外的能量，它们的振动就会加剧，难以继续包裹其他复杂分子。要是能量进一步增加，水分子会以气体的形式飘到空中，再也无法保护脆弱的生命。在宜居带的最底部，随着能量等级的降低，水分子的振动也会变得更慢，最终水凝结成冰。这样的凝固和僵化是生命之敌，冰晶会刺破包裹液态水的活细胞。我们这颗行星之所以如此特别，不仅仅是因为它拥有水，还因为这里的水大部分是液态的。站在地球边缘，你将清晰地看到这种最珍贵的资源填满了你的绝大部分视野。

太平洋在你脚下缓缓掠过，也许在那幽暗的深海中，有一头蓝鲸正在发出低沉的召唤。如果海面下的这束声波拥有可见的形状，你会看到它像池塘里的涟漪般层层扩散。只需要一个小时，声波就会从夏威夷传到加利福尼亚州。但对于高空中的我们来说，水面下的声波不会留下任何可见的线索。大海里充满了各种各样的声音，海浪、船只和海豚发出的声音层层叠叠，彼此嵌套。南极洲冰盖的振动声可能在水下传播数千千米，但高空中的你完全觉察不到。

这颗行星上的万事万物都在转动，每天围绕地轴一圈。风从转动的地表吹过，流动的空气总是倾向于直线运动，但地面的摩擦力和周围其他空气的阻力会影响它的运动轨迹。在高空中，你会看到地球自转带来的影响：北半球的风总是相对于地面向右旋转，所以地面上的天气现象，尤其是远离赤道的天气现象，也会随之变化。飓风和海面上较小的风暴都是螺旋形的，风眼

---

1 不太冷也不太热，温度刚刚好的区域。

就像轮子的转轴，这些"轮子"之所以会转动，完全是因为地球在永不停歇地自转。

南极洲上空，厚厚的雪云正在聚集成团。每朵雪云内部都有数十亿个气态水分子，它们同氧分子和氮分子混合在一起，彼此推挤、碰撞。云的温度降低了，这些分子对外散失了能量，运动速度减缓。速度最慢的分子撞上初具雏形的冰晶就会立即黏附上去，在冰的网格中找到一个固定的位置。雪花在云层内部上下翻滚，原始六边形冰晶上的所有分子处境完全相同，它们各自坚守自己的位置。冰晶黏附的分子越来越多，对称的雪花渐渐长大。经过数小时的缓慢成长，这些晶体承受的重力也越来越大，最终它们离开云层底部，开始向下坠落。云层下方是南极洲的冰盖，这片冰层绵延数千千米，最深的地方厚达 4.8 千米，在地球上首屈一指。聚集成片的冰盖异常沉重，它们的重量迫使南极洲的陆地向下沉降。但这片广袤冰原中的每一个分子最初都来自雪花，雪花需要漫长的时间才能堆积成这么宏伟的冰盖。南极洲冰盖中的一部分水已经在这里冻结了数百万年，在这漫长的岁月中，冰晶内部的分子以自己的固定位置为中心一刻不停地振动，但它的振动速度太慢，不足以让冰融化成水。与此相对，夏威夷火山喷发的岩浆分子在到达地面后温度终于降到了 600℃ 以下，在此之前的 45 亿年里，它一直保持着高温。

来自太阳的能量是推动地表系统运转的发动机。阳光温暖了岩石、海洋和大气，也帮助植物生产出糖分、养料，在这个过程中，它也在不断打破地表系统的平衡。只要能量的分配失衡，事物就会发生变化。坠落的雨滴冲刷着裸露的岩石，它携带的动能可以侵蚀高山。赤道上充沛的多余热能引发了热带风暴，狂风吹打着棕榈树，将海平面上的水重新送上山巅，推动波涛在海滩上拍得粉碎。储存在植物中的能量可以滋养枝叶、果实和种子。种子携带的基因信息将重新汲取来自太阳的能量，开启新的循环。太阳以源源不断的能量推动着看不见的发动机，让我们的星球变得生机勃勃，让地球不至于落入僵硬死寂的平衡。站在地球的边缘，我们看不见具体的细节，但大体的局势却尽收眼底：来自太阳的能量洪流冲刷着地球，这些能量在海洋、大气和生命体之间涓涓流淌，最后以地球辐射热的方式回到太空中。地球吸收和释放的能量总量达到平衡。这颗行星就像一道水坝，它会以各种各样的方式储存、利用宝贵的能量资源，最后再将这些能量放归宇宙。

我们开始向地面下降，海滩在我们眼中不再是一个地点，而是各种物理量的组合体，在海滩上，我们看到了尺寸、规模和时间的尺度。拍打海滩的波浪携带着来自远方海域的风暴能，浪头撞碎在海滩上，摇撼着沙砾和石块。石头上的微粒在一次次的碰撞中不断剥落，每一颗鹅卵石都由千百万次随机碰撞塑造而成。冲掉一小片石头或许只需要 1 毫秒，但要让鹅卵石变得光滑圆润，那需要数年的缓慢打磨。若以地质年代的时间尺度去看，海滩的存在总是短暂的。海滩上的石头和沙砾不断经受摩擦和侵蚀，如果新的原料无法弥补摩擦造成的损耗，这片海滩终将消失在大海之中。岁月流转，沙砾随着海浪回归大海，上涨的潮水又把它们送回海滩上。我们热爱海边的潮汐，正是因为潮汐的存在，我们才有机会每天两次看到潮水的涨落重塑整片海滩。潮水将带走沙滩上的一切痕迹，落潮后光滑的沙滩拥有一种简洁之美。每天的潮涨潮落掩饰了海岸线以十年为单位的缓慢变迁。在这流动与变化中，生命在礁石间的水洼里蓬勃生长，它们早已适应了潮涨潮落带来的环境变化，无论是被彻底淹没在海水中还是被留在退潮后的礁石间，它们总会自顾自地成长。这些水洼的精彩程度不亚于博物馆的玻璃柜，每个水洼里都在上演一幕幕残酷的资源争夺战。生命体争抢资源的逻辑非常简单：尽量靠近地球循环系统提供的能量，尽力搜集构建生命所需的分子级积木。海滩上的水洼淋漓尽致地体现了生命的无常。只要有足够的能量和养分，水洼中的生命就会蓬勃生长；而在资源匮乏的时候，这些生命立即就会改投他处。各个物种变着花样利用自己与生俱来的"工具箱"，甚至利用基因突变。生物搜集能量、四处活动、通信、繁殖的过程实际上都是在通过不同的方式运用同一套基本规则。

能量的流动有一定之规，但地球总能不断回收利用资源。地球上几乎所有的铝、碳和金都已存在了数十亿年，只是它们会不断地从某种形态转化为另一种形态。你或许会觉得，经过了这么长时间，这些物质应该早已难分难舍地融合在一起，变成了行星尺度的一锅乱炖。但实际上，物理过程和化学过程会不断地整合这些混合物，让相似的原子聚集成团。在重力的作用下，液体能够轻而易举地渗透多孔的固体，所以水总会渗入土壤，进入庞大的地下蓄水层，而与此同时，土壤一直停留在原地。无数微小的钙基海洋生物在海面上生活然后死去，重力拉扯着它们的遗体缓缓漂向海床，有时候会在浅海中形成巨大的海底墓园。这些生物的遗体不断被挤压、转移，最后成为特殊的白色石灰岩。盐之所以会沉积下来，是因为水分子在得到能量时很容易变成气体，但盐却不会。海底山脊的火山喷出的岩浆密度远高于周围的海水，所以它会沉积在海床上，形成新的岩层。生命总会不断汲取周围的物质，重塑外部世界，等到它死去以后，又会留下可供回收利用的碎屑。

在漆黑的夜晚仰望天空，你将看到来自太阳系另一端、银河系另一端乃至宇宙另一端的波。千万年来，光波是我们与外部宇宙之间的唯一联系，也是我们获知外界信息的唯一途径。直到几十年前，我们才开始观察抵达地球的微弱物质流——中微子、宇宙射线、引力波，这就是我们与外部宇宙之间仅有的联系。2016 年 2 月，我们终于确认黑洞融合之类壮烈的天文事件也会释放出波，在空间中激起涟漪。每个人一生当中都会被引力波不断冲刷身体，但直到最近，我们才发现它。光和引力波在我们周围呼啸而过，织成一幅斑斓的锦缎，正是靠着这些介质，我们才能绘制出宇宙的地图，并在上面标出一个小小的箭头："我们在这里。"

不过，在地球上，在每一个平凡的日子里，我们有其他太多现实的问题需要考虑。站到地球之外俯瞰我们的家园，这样的视角会让我们重新认识到自己所属的这套系统是多么宏大。生命推动这套系统永不停歇地运转，而我们是所有生命中微不足道的一员。从智人诞生的那一刻起，每个人就拥有两套维生系统：自己的身体和我们这颗行星。不过现在，我们还发展出了第三套系统。

能够影响地球的物种有很多，但过去几千年来，只有一个物种能够根据自己的需求来改造周围的环境。现在，他们已经形成了自己独特的生命体系，这张行星尺度的大网连接着每一个有意识的个体。从生存的层面上说，这张大网中的每一个个体几乎都完全独立于其他成员，但对整体而言，每个个体都有自己的贡献。对物理学定律的理解是支撑现代社会的基石之一，如果做不到这一点，我们根本无法组织交通、管理资源、完成通信、做出决策。科学和技术催生了人类有史以来最伟大的成果：我们的文明。

文明

一支蜡烛、一本书，便携的能源，便携的信息——它们触手可及，而且足以传承几个世纪。这些丝线将个体的人类生命织成了更宏大的整体：每一代人留下的成果借助这些纽带薪火相传，构成了我们协同合作的社会。文明中的能量必须不断流动，蜡烛几乎可以永久地储存下去，但只能燃烧一次。知识会不断积累，一本书可能启发无数人的思维。蜡烛和书籍早在两千年前就已诞生，直到今天，它们仍未消亡。这两种技术都很简单，但是有用。我们储存能量，分享利用能量的心得，并由此建立了现代社会。

提起文明，我们总会想到城市，但实际上，文明永远始于荒野。建筑、探索、尝试、失败和再次尝试都需要能量，所以人类必须借助植物来收获太阳能，由此支持这些活动。人类可以调度土壤、水和种子，但只有植物才能将太阳能转化为糖。我们学会了修建绿色的堤坝来拦截一小部分太阳能，也因此收获了奖赏。人类种下的庄稼拨动了地球的系统，由此收获的能量养育了我们和我们的动物，也赋予了我们改造世界的能力。

我们觉得自己生活在现代社会里，但这并不准确。我们离不开前辈留下的基础设施，这些东西有的只有几十年历史，有的能追溯到几个世纪以前，还有的已经传承千年。这些道路、建筑物和沟渠直到今天还在发挥作用，因为这些"血管"连接着人类社会最为偏远荒僻的角落。合作和贸易带来了巨大的利益，文明的网络让每一个人都有机会走向单靠自己的力量和智慧绝对无法到达的远方。

城市是建筑物的丛林，每一幢建筑都有其独特的功能和设计，但所有建筑脚下都同样埋藏着粗壮铜缆构成的庞大网络。铜缆的主干线伸出一条条卷须探入每一幢建筑，然后再层层分叉，通过墙壁和地板中的管线进入我们目之所及的每一个插座和开关。只要将插头插入插座，回路立即就会接通，电子开始自由流动，将你家里的设备和电网连接在一起。埋藏在城市里的缆线是现代生活的动脉，来自远方巨型电厂的能量通过这张网络来到我们身边。这张大网连通了各个国家，相互连接的金属网络汇集了巨量的能源，供养着城市这头怪兽。我们周围充满了漂流的电子，它们会随时按照我们的指令行事。

能源网络之上还覆盖着另一张大网，它的触角同样遍及每一座建筑，维系着我们的生活。地球拥有一套行星尺度的水循环系统，它连接着人海、雨水、河流和蓄水层。太阳的能量促进了水的蒸发，推动水分子在大气中循环，让水去往地球上的其他地方。我们人类修建了局部的水利设施，引导水离开自然的循环，让它滋养我们的文明，最后再将它放回大自然中。雨水不再听从重力的召唤进入河流奔向大海，而是进入人类修建的水库。运动的电子提供的能源推动水泵，将水库里的水抽入直径近 1 米的管道，这些水又通过层层分叉的网络进入建筑物，流进千家万户的水龙头里。我们用完以后，水会通过排水沟和下水道的管路汇聚成流，回到污水处理厂或河流中。只要打开水龙头，你就能看到这张网络的一个末端节点，它是这个庞大回路中小小的一环。接着，水流进下水道，离开我们的视线，回到隐藏的管道中。只要我们完成第一个环节（将水抽到高处），打破最初的平衡态，重力就会接管剩余的工作，引导水流一路向下。在下水道的入口处，抵挡重力的支撑力突然消失，于是水从这里流了下去。

城市是网络最集中的地方，因为人类聚集在城市里，靠各种网络维持生命。我们熟悉的都市图景中不乏其他网络，比如食物配送系统、人类交通系统和分配资源的贸易系统，但只有清楚就里的人才能看到这些网络的运作过程。

火是人类探索人造光的起点。掌握了火，我们就学会了制造光，不再被动地依赖阳光。地球的自转会让我们进入远离太阳的背阴面，但只要有蜡烛，我们就能看清周围的东西。150 年前，燃烧的蜡烛、木柴、煤炭和油灯释放的光波照亮了城市的夜晚。时至今日，无论昼夜，天空中总是充满了看不见的"光"。如果我们的肉眼能看到无线电波，那么你一定会发现，一个世纪以来，地球从未进入过真正的黑夜。这些波不能照明，却有别的很多用处。无线电波、电视信号、无线网络和手机信号织成了一张紧密协作的信息之网，它时时刻刻都在我们身边搏动。在我们的文明社会里，只要有合适的电子设备，任何人都能实时接收新闻视频、海运预报、电视直播、航空管制信息、业余无线电信号乃至朋友和家人的声音。这些波在我们周围一刻不停地流淌，你可以轻而易举地聆听它、分享它，这正是现代社会的美妙之处。信息流连接着我们的世界。农民可以根据超市本周的需求来制订收割计划，自然灾害的新闻能在瞬息间传遍全球，飞机可以变更航程来避开头顶的坏天气。如果天气预报告诉你雨云将在 10 分钟内到达头顶，你大可推迟去商店购物的计划。这套系统之所以能流畅运行，是因为在人类的操作下，各种波可以并行不悖地工作。我们针对某些波制定了全球通行的规则，又为另一些波建立了全国统一的规则。纵观人类历史，绝大部分时期我们只有波而无网络。通过几代人的努力，我们建立起了以波为基础的信息网络，现在它已成为每个人生活中不可或缺的一部分。

过去，人类一直受限于地理状况造成的炎热、寒冷或贫瘠。如果周围的分子携带的能量过多或者过少，组成人体的分子就会受到环境的影响。如果人体内的分子动静之间的微妙平衡被打破，你就会感觉不舒服。时至今日，地理因素带来的限制几乎已被彻底破除。我们修起了建筑物、步道和屏障，生产了各种交通工具，在室内营造出最适合人体的舒适小环境。迪拜的空调和阿拉斯加的中央供暖系统为我们创造出了前所未有的宜居体验。我们开始觉得这一切都是天经地义的，全然忘记了真实世界的严酷和不便。在其他行星上建立殖民地对我们来说或许还很遥远，但人类已经开发的技术足以将地球变得更加舒适。这些技术也遵循着这类原则——按照人的需求和意愿精准调节周围环境。要实现这个目标，我们必须提供适量的水、分子级积木和能量。一个又一个人造的宜居之地在地球表面蔓延，不断扩展着人类的生存网络。

在文明的发展过程中，人们需要面临一系列挑战。人口数量越多，需要的资源和空间也越多。燃料推动了工业革命，开启了全世界的迅猛发展，但我们也需要为此付出代价。人类依然在种植庄稼，收获太阳能，从绿色的能源库中获取可供我们自由利用的能量，但这并不是现代社会能量的主要来源。地球早已将太阳能储存在一个巨大的能量库里，经过亿万年的沉淀，这座仓库里积累了超乎想象的能量，我们一直在利用它的库存。漫长的岁月中，总有一小部分储存着太阳能的植物会被埋藏到地底深处，经过压缩和提炼，这些植物最终汇成了一座巨大的能量宝库，无论地球的表层如何吸收、释放太阳能，地底深处的这座能量库一直岿然不动。这些古老的能量被我们称为"化石燃料"，人类很容易将这些能量释放出来并加以利用。利用化石燃料本身并不是问题，归根结底，地球储存的太阳能最终总会以某种形式重新回到宇宙中，但释放能量的过程却可能带来灾难。植物在生长过程中需要吸收二氧化碳，要是你把植物储存的能量释放出来，这些二氧化碳也会重新出现，回归大气。飘浮在空气中的二氧化碳分子会改变波在大气中的传播路径，整个行星储存的太阳能也会因此略微增加。人类烧掉了亿万年来形成的化石燃料，整个地球也随之变热。我们需要发挥聪明才智才能学会如何掌握新的平衡。

但人类终归是心灵手巧的。现在，通过看不见的波组成的网络，我们可以进一步理解科学、医学、工程学和文化。这张信息网络中任何一点有用的知识都离不开一代又一代前辈的努力。

跳出自身的尺度，你必将发现更广阔的空间。人体和适合人体的结构都局限在一定的尺寸以内，组成我们的复杂系统决定了我们所需要的空间。床、桌椅和食物的尺寸不会变，因为每个人都生活在自己的身体里。不过，人类正在学习如何操纵更小的世界，在这个过程中，我们的视角尺度也会相应地缩小。我们渐渐学会了建造小得看不见的"巨型"工厂。尺度缩小了，完成任务所需的时间也随之减少，每一秒内都有数十亿个进程同时发生。在这么小的尺度上，电的流动变得更加轻松，从这个意义上说，计算机不过是由微小元件组装而成的电动加法机。对我们来说，计算机的尺寸不大，但是对于组成计算机的原子而言，这些功能强大的机器实在大得可怕。细想之下，计算机真正令人震撼的地方在于，它工作的时间尺度和体积尺度其实大相径庭。在今天，这既微小又庞大的加法工厂已经成为我们控制世界不可或缺的工具，而且随着时间的推移，未来的文明必将更依赖电脑。更拥挤的文明需要更高效、更迅速的决策，也需要更快的信息流来调节系统内部每一个精密的齿轮。

要实现这些目标，我们必须跳出自己的体形尺度。

目前，我们仍受困于地球，但千百来，人类从未停止仰望星空。现在，我们已经可以从高处仔细观察自己的母星，这是人类文明史上的突破。地球观测卫星和通信卫星绕着我们的行星呼啸而过，它们联结着地球上的每一个人，也让地面上的我们得以俯瞰这颗旋转的星球。高空中的卫星可以清晰地看到我们的文明留下的印记：夜间明亮的城市灯光、寒冷地区城市周围的温暖空气，还有农耕活动在陆地上留下的不同色彩。在这些绕轨运行的人造天体中，有一个适合人类居住，那就是国际空间站。我们的文明的确已经开始向太空进发，尽管只迈出了一小步。小小的空间站最多可以容纳 10 人，他们代表着人类，在轨道上以每圈 92 分钟的速度围绕地球旋转。在远离地面的高空中，这些宇航员必将获得看待人类文明的全新视角，他们或许永远无法完整地将这些信息传递给其他人，但他们也曾尽力尝试。

地球的磁场遮蔽了宇宙射线，保护着星球，在这层磁盾之外，越过卫星的公转轨道，我们的文明向外辐射的信号会减弱、消失。太空中不分上下，钟摆无法嘀嗒摇晃，因为它不再受到地球重力的影响。太空中发生的事情都很简单，对于人类而言，它们要么进行得极快，要么极慢。极快的核反应为太阳提供了能量，但在数十亿年的时间中，太阳变化的速度极慢。微小的原子相互作用，最终形成行星、卫星或星系。这颗复杂而混乱的行星上安放着我们复杂而混乱的文明，我们处于时空尺度的中间位置。

我们是已知宇宙中独一无二的存在。

我们遥望太空，太空中或许也有生命正在回望我们。直到现在，光仍是我们与地外宇宙之间的主要纽带，星光击中视网膜上的分子，联系着我们和外部宇宙。我们在这里，在这颗小小的岩石星球上。人类是地球表面上美丽、复杂而感性的生命，我们生活在宇宙和地球的分界线上。我们在这里，三套维生系统交相渗透，依照宇宙中通行的物理规则，维系着我们的存在。

　　我在这里，站在自己的屋子外面。空中的云汇聚成团，遮住了我凝望外部宇宙的视线。我在这里，作为一个现代人，我手握地球材料制成的马克杯，思考着宇宙的纷乱庞杂，因为我有这个能力。在我周围，规则无处不在，我可以亲手触摸它们。我低头望向茶杯，看到杯中旋转的液体。当我再次抬头，眼前的世界已经换了一副模样。杯中液面倒映的天空依然那么明亮、美丽、迷人，就在这里，在我的茶杯中，我能看见那场风暴。

致谢

撰写这篇致谢感言的奇妙之处在于，我要感谢的两批人其实很大程度上是重合的。有的人在本书制作、出版的过程中为我提供了不少帮助，有的人曾经出现在书中的故事里，他们分享的经历让我的生命变得更加丰富，也鼓励我去探索更多新知。我对这两种朋友都充满感激。

陪伴我探索的搭档包括达拉斯·坎贝尔（Dallas Campbell）、尼基·切尔斯卡（Nicki Czerska）、伊莲娜·切尔斯基（Irena Czerski）、路易斯·达特内尔（Lewis Dartnell）、塔米辛·爱德华（Tamsin Edwards）、坎贝尔·斯多里（Campbell Storey）和狗狗因卡（Inca）。

英国绿色中心（Green Britain Centre）的人们非常可爱，我参观过他们的风力发电机，他们热情而耐心地回答了我的所有问题。杰夫·威尔莫特（Geoff Willmott）博士和卡斯·诺克斯（Cath Noakes）教授分别在微流体设备和空气传播性疾病这两个问题上帮了我的大忙。

赫勒·尼科尔森（Helle Nicholson）、菲尔·赫克托（Phil Hector）和菲尔·里德（Phil Read）阅读了本书的部分内容，并提出了富有建设性的宝贵意见。马特·凯利（Matt Kelly）为本书的提案和各个章节提供了详细的反馈意见，他分享的经验让我在写作中受益匪浅。

在整个项目进行的过程中，马特的友谊和永不放弃的支持对我来说意义重大。汤姆·威尔斯（Tom Wells）鼓励我开始了本书的写作，他一直是我最耐心的试读者。杰姆·斯坦斯菲尔德（Jem Stansfield）、阿隆·沙哈（Alom Shaha）、盖亚·温斯（Gaia Vince）、阿罗克·吉哈（Alok Jha）、亚当·卢瑟福（Adam Rutherford）和科学界其他许多了不起的朋友为我带来了巨大的鼓励和无数欢笑。

多年以来，剑桥大学丘吉尔学院一直是我的智识家园，直到现在，它仍是我心中的家。丘吉尔学院和卡文迪许实验室使我受到了完整的物理学训练，在此我必须特别感谢我的研究导师戴夫·格林（Dave Green）博士。我希望这本书能够配得上他严格的标准，尤其盼望书中的语言能够弥补图表的缺失。丘吉尔学院的朋友在我的生命中占据着重要的地位，在探索的旅程中，能够遇到这么优秀而执着的同伴，这真是一件美好的事情。

我进入磁泡物理学的世界几乎完全出于偶然，斯克里普斯海洋研究所的格兰特·迪恩（Grant Deane）博士给了素未谋面的我一个机会，他为我提供了博士后的职位。格兰特既是一个了不起的人，又是一位热情而严格的学者，能有机会与他共事，我感到非常幸运。他让我看到了最优秀的学者应该具备的素质，也为我树立了最高标准的工作榜样。他为我提供了宝贵的机会，又无私地支持了我后面的项目，再多的语言也无法表达我的感激。

现在我就职于伦敦大学学院机械工程系，能得到这个工作机会，我感到无比幸运。我非常感谢系主任扬尼斯·温迪克斯（Yiannis Ventikos）教授，当我告诉他我要写这本书时，他表达了莫大的支持。马克·米奥多尼克（Mark Miodownik）教授永远精力充沛、待人温和，我必须感谢他的可靠建议和友谊，他为我找到了这么棒的学术家园，细思之下，我对他亏欠良多。

经纪人威尔·弗朗西斯（Will Francis）鼓励我写一本书，他以极大的耐性等待合适的时机，一路上还为我提供了无数支持和建议。在项目进行的过程中，环球出版社（Transworld）的苏珊娜·韦德森（Susanna Wadeson）一直是最可靠的舵手，我非常感谢她的洞察力和坦诚。

我的家人都很了不起，他们对世界充满好奇，永远跃跃欲试，随时准备尝试新事物。我的一切成就都离不开他们奠定的根基。我尤其要感谢妹妹伊莲娜（Irena），她和马尔科姆（Malcolm）是我认识的最好客、最可爱的人。听我的祖母帕特·乔利（Pat Jolly）、凯丝（Kath）姑妈和母亲讲述老式电视机和行输出变压器的秘密真是有趣的经历，我很后悔没有早几年听到这些。最重要的是，我要感谢我的父母——扬（Jan）和苏珊（Susan）。他们教我探索世界，精益求精。我爱他们，再多语言也无法表达我对父母的感激。

茶杯里的风暴

[英] 海伦·切尔斯基 著
阳曦 译

图书在版编目（CIP）数据

茶杯里的风暴 /（英）海伦·切尔斯基著；阳曦译. – 北京：北京联合出版公司, 2018.9 (2024.8 重印)
ISBN 978-7-5596-2467-3

Ⅰ.①茶… Ⅱ.①海… ②阳… Ⅲ.①物理学—普及读物 Ⅳ.① O4-49

中国版本图书馆 CIP 数据核字 (2018) 第 208007 号

Strom in a Teacup

by Helen Czerski

Copyright © 2016 by Helen Czerski
All rights reserved including the rights of reproduction in whole or in part in any form.
Simplified Chinese edition copyright © 2018 by United Sky (Beijing) New Media Co., Ltd.
All rights reserved.

北京市版权局著作权合同登记号 图字:01-2018-5293 号

选题策划　联合天际
责任编辑　李 红 徐 樟
特约编辑　边建强 张 憬
美术编辑　王颖会
封面设计　汐 和

出　　版　北京联合出版公司
　　　　　北京市西城区德外大街 83 号楼 9 层 100088
发　　行　北京联合天畅文化传播有限公司
印　　刷　三河市冀华印务有限公司
经　　销　新华书店
字　　数　260 千字
开　　本　710 毫米 × 1000 毫米 1/16 16 印张
版　　次　2018 年 9 月第 1 版　2024 年 8 月第 12 次印刷
I S B N　978-7-5596-2467-3
定　　价　68.00 元

关注未读好书

客服咨询

本书若有质量问题，请与本公司图书销售中心联系调换
电话: (010) 5243 5752

未经书面许可，不得以任何方式
转载、复制、翻印本书部分或全部内容
版权所有，侵权必究